高校数学I

動画▶学習

YouBook

|YouTube+Book|

目次

High School
Mathematics I

第0章

本書の使い方

YouBook の使い方（記入例）

1-16 Check Point! 絶対値

QRコードからYouTube動画を見て空らんに書き込んでいく。

★ 数直線

数直線上で，点 P の座標が a である点を，P(a) で表す。

P(3)
-3　$|-3|=3$　0　$|3|=3$　3

★ 絶対値

原点 O と P(a) 間の距離を 絶対値 といい $|a|$ で表す。

$|a| = \begin{cases} a \geqq 0 \text{ のとき } |a| = a \\ a < 0 \text{ のとき } |a| = -a \end{cases}$　例）$a=3$ のときの $|a|$　$a=-3$ のときの $|a|$

★ 絶対値記号のはずし方

絶対値記号の中が正 ⇒　　絶対値記号の中が負 ⇒

例）$|\pi - 3|$　　例）$|\sqrt{7} - 3|$

【Q】次の値を求めなさい。

(1) $|4-\pi|$　(2) $|\sqrt{10}-4|$　(3) $x=-2$のとき，$|2-x|-|x-5|$

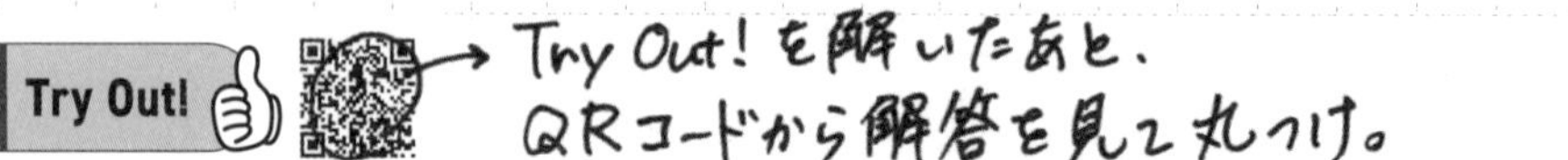
Try Out!
Try Out! を解いたあと、
QRコードから解答を見て丸つけ。

1-16　絶対値

次の値を求めなさい。

(1) $|8|$
$= 8$

(2) $|-1|$
$= -(-1)$
$= 1$

(3) $|-11+9|-|2-7|$
$= |-2|-|-5|$
$= 2-5$
$= -3$

(4) $|3-\pi|$
$= -(3-\pi)$
$= \pi - 3$

(5) $|3-\sqrt{10}|$

(6) $|3-\sqrt{6}|+|2-\sqrt{6}|$

(7) $a=-4$のとき，$|a+5|-|2a-1|$

(8) $x>3$のとき，$|2-x|+|x-3|$

0-1 Check Point!  本書（YouBook）の使い方

★ YouTube を見ながら，本書の空欄を埋めていきます。

（注意！）本書だけでは，役に立ちません。

① YouTube が見られる端末（タブレットまたはスマホ etc.）と筆記用具を用意してください。

② YouTube を見ながら，空欄を埋めてください。あら不思議！集中して学習がスラスラできます。

③ 試しに次の QR コードから，YouTube を見てください。

★ 本書のメリット

① 学校の授業の 予 習 ができる。

② 学校の授業で分からなかったところを 復 習 できる。

③ 学校の 問 題 集 を解きやすくする。

④ 受験のための 総 復 習 に使える。

★ 本書の特徴

① YouTube＋Book だから，どこでも好きなときに 個 別 的 授業を受けることができる。

② 自分で 作 っ て いく参考書なので，頭によく入る。

③ ManabiBox と連携することで，さらに学習を深め， 応 用 力 を身につけることができる。

※ ManabiBox は本書の内容などをウェブアプリやオンラインで学習するシステムの総称です。

https://manabibox.quizgenerator.net

★ 本書の進め方

Check Point! … YouTube を見ながら本書に書き込んで知識を イ ン プ ッ ト していきます。

Try Out! … Check Point の類題・応用問題を解いて， ア ウ ト プ ッ ト していきます。

・☆ … ＋10 点アップ狙い問題

・☆☆ … 高得点狙い問題

0-2 Check Point!  学習管理表

★ 学習管理の仕方

① 学習の初めに，学校進度を確認して学習日を学校進度欄に記入する。

② 勉強した (Check Point!と Try Out!をした) 日付を学習日欄に書き込む。

③ 再度 Try Out したときに全問正解は○，１問間違えたら△，２問以上間違えたら×を TO 欄に記入。

④ △の単元は間違えた問題のみを解き直し。×の単元は再学習し，学習した日付を再学習日欄に記入。

難度	No	１章 タイトル	学校進度	学習日	TO	再学習日
	1-1	整式				
	1-2	整式の計算				
	1-3	公式による展開				
	1-4	置き換えによる展開				
	1-5	組み合せを利用した展開				
☆	1-6	３次式の展開				
	1-7	公式の因数分解				
	1-8	たすきがけの因数分解				
	1-9	置き換えを利用する因数分解				
	1-10	複数の文字の因数分解				
	1-11	式のたすきがけ				
☆	1-12	複雑な因数分解				
☆	1-13	３次式の因数分解				
	1-14	有理数・無理数				
	1-15	循環小数				
	1-16	絶対値				
	1-17	$\sqrt{\ }$をふくむ式の計算				
	1-18	分母の有理化				
☆	1-19	３項の有理化				
	1-20	式の値				
☆	1-21	整数部分と小数部分				
☆	1-22	二重根号				
	1-23	１次不等式				
	1-24	連立不等式				
	1-25	不等式を満たす整数 /係数に文字を含む不等式				
	1-26	不等式の文章題				
	1-27	絶対値をふくむ方程式				
	1-28	絶対値をふくむ不等式				

難度	No	２章 タイトル	学校進度	学習日	TO	再学習日
	2-1	集合と要素				
	2-2	部分集合				
	2-3	共通部分と和集合				
	2-4	３つの集合				
	2-5	補集合				
☆	2-6	いろいろな集合問題				
	2-7	命題と集合				
	2-8	必要条件と十分条件				
	2-9	条件の否定				
	2-10	逆・裏・対偶				
	2-11	対偶を利用した証明				
	2-12	背理法を利用した証明				
☆	2-13	背理法を利用した証明・その２				

難度	No	３章 タイトル	学校進度	学習日	TO	再学習日
	3-1	関数$f(x)$と変域				
	3-2	２次関数 $y=a(x-p)^2+q$ のグラフ				
	3-3	$y=ax^2+bx+c$ と平方完成				
	3-4	点とグラフの平行移動				
☆	3-5	$f(x)$の平行移動と対称移動				
	3-6	関数の最大値・最小値				
	3-7	最大値・最小値から係数を決定				
	3-8	係数に文字をふくむ関数の最小値または最大値				
☆	3-9	係数に文字をふくむ関数の最大値と最小値				
☆	3-10	定義域に文字をふくむ関数の最大値・最小値				
	3-11	$y=a(x-p)^2+q$ を利用した２次関数の求め方				
	3-12	$y=ax^2+bx+c$ を利用した２次関数の求め方				
☆	3-13	平行移動を利用した２次関数の求め方				
	3-14	２次方程式				
	3-15	２次方程式の実数解の個数				
	3-16	解から方程式を求める				
	3-17	２次関数のグラフと x 軸との位置関係				
	3-18	放物線と直線の共有点と x 軸の共有点の長さ				
	3-19	放物線の係数の符号とグラフ				
	3-20	２次不等式（異なる２点で交わる）				
	3-21	２次不等式（接する・共有点をもたない）				
	3-22	連立不等式				
	3-23	２次関数と x軸との共有点まとめ				
☆	3-24	解から２次不等式を求める				
☆	3-25	絶対不等式				
☆	3-26	放物線が x軸の正と異なる２点で交わる条件				
☆☆	3-27	絶対値を含む関数				
☆☆	3-28	２次関数に関する応用問題				

0-2 学習管理表

難度	No	4章タイトル	学校進度	学習日	TO	再学習日
	4-1	三角比				
	4-2	三角比の表				
	4-3	三角比と辺の長さ				
	4-4	三角比と辺の長さの利用				
	4-5	$90°-\theta$ の三角比				
	4-6	三角比の相互関係				
	4-7	鈍角の三角比				
	4-8	$180°-\theta$ の三角比				
	4-9	三角比をふくむ式から角を求める				
	4-10	直線のなす角				
	4-11	三角比の相互関係（$0° \leqq \theta \leqq 180°$）				
	4-12	式の変形とその値				
☆	4-13	三角比の対称式の値				
☆☆	4-14	三角比の不等式				
	4-15	正弦定理				
	4-16	余弦定理				
	4-17	三角形の解法				
	4-18	三角形の辺と角				
☆	4-19	三角形の比例式				
☆	4-20	15°，75°，105° の三角比				
☆☆	4-21	等式と三角形の形状				
	4-22	三角形の面積				
	4-23	三角形の面積と内角の二等分線				
	4-24	四角形の面積と多角形の面積				
	4-25	円に内接する四角形の面積				
☆	4-26	内接円の半径				
	4-27	測量				
☆	4-28	空間図形				
☆☆	4-29	正四面体				

難度	No	5章タイトル	学校進度	学習日	TO	再学習日
	5-1	データの整理				
	5-2	代表値				
	5-3	四分位数				
	5-4	箱ひげ図				
	5-5	箱ひげ図の読み取り				
	5-6	分散と標準偏差				
	5-7	データの相関と散布図				
	5-8	共分散と相関係数				
☆	5-9	変量の変換				
	5-10	仮説検定				

High School
Mathematics I

第1章

数と式

1-1 Check Point! 整式

★ 単項式

単項式の数の部分(符号もふくむ)を　　　　という。文字がかけ合わされている個数を　　　　という。

特定の文字に着目するとき，残りの文字は　　　　として考える。

例）$-5xy^2z$　⇨ 係数：　　次数：

例）y に着目　⇨ 係数：　　次数：

【Q】次の単項式の係数と次数を答えなさい。また，[　]内の文字に着目したときの係数と次数を答えよ。

$\dfrac{-ax^2y^3}{3}$　[x]　[aとy]

★ 整式

単項式と多項式をまとめて　　　　という。整式の次数は最も　　　　の次数になる。

着目した文字をふくまない項(0次の項)を　　　　という。

例）x に着目　$ax^3+bx^2y-xy^2+c$

⇨ 次数：　　定数項：

★ 各項を次数が高い順に並べることを，　　　　の順に整理するという。

★ 着目していない文字は　　　　として扱い，同類項はまとめて降べきの順に並べる。

例）$5ax^2+2x-c+4-3x^2-x$　[x]

【Q】次の整式を x について降べきの順に整理し，何次式か答えなさい。定数項も答えなさい。

(1) $3x^3-4x-1+x^2+7-x^3-6x^2$

(2) $4x^3y^2-2x^2y^2+3x+xy^2-4y+1$

第1章　数と式

次の問いに答えなさい。

(1) 次の単項式の係数と次数を答えなさい。

また，[　]内の文字に着目したときの係数と次数を答えなさい。

① $7x^4yz^3$ [x]，[y]

② $-2a^4b^3c^5$ [a]，[aとc]

③ $\dfrac{a^2b^5c}{5}$ [b]，[aとc]

(2) 次の整式を[　]内の文字について，降べきの順に整理しなさい。

① $5x^2-3x+2-4x^2+8x-7$ [x]

② $ax^3-3a^2x+5x^2-a^3+4ax^2+2a^2$ [a]

(3) 次の整式について，[　]内の文字に着目すると何次式か。また，そのときの定数項は何か答えよ。

① $-x^3-4x+2x^3-7-x^2+5x$ [x]

② $5x^2-xy+4x-3y-2$ [y]

(4) 次の整式を[　]内の文字について，降べきの順に整理しなさい。☆

① $a^3+a^2x-2x^2-a^2-3ax^3+4a^3$ [a]

② $a^2b+\mathrm{b}^2+2abc-a^2c-ac^2-2bc-ab^2+c^2$ [a]

1-2 Check Point!  整式の計算

★ 整式の加法・減法

・多項式を代入するときは　　　　をつけてから代入する。

・$-(\quad)$ のとき，かっこの中の　　　　はすべて変えてかっこを外す。

例）$A = 2x + 3, B = 3x - 5$ のとき，$A - B$

★ 指数法則

m，n を正の整数とするとき，

1．$a^m \times a^n$　　2．$(a^m)^n$　　3．$(ab)^n$

例）$a^3 \times a^2$　　例）$(a^3)^2$　　例）$(ab^2)^3$

★ 展開

分配法則などを使って，多項式の積を単項式の和の形にすることを　　　　するという。

$A(B + C)$　　$(A + B)(C + D)$

例）$a(2x - 5y)$　　例）$(a - b)(2x - 5y)$

【Q】 次の計算をしなさい。

(1) $(5x^2 + 2x + 1) - (3x^2 + 4x + 7)$　　(2) $2(3a - 5b) - 3(2a + 7b - 6)$

(3) $(2x^3y)^2 \times (-5x^2y^3)^2$　　(4) $6x(2x^2 - 3x + 5)$　　(5) $(8x^2 - 7x)(x^2 + 3x - 2)$

(6) $A = 2x^2 - 3x + 4$，$B = 3x^2 - 2x + 6$ であるとき，次の式を計算しなさい。

① $3A - B$　　② $2A - 4B - 5(A - 2B)$

(1) $A = 3x^2 - 4x + 1$，$B = -x^2 - 4x + 3$ のとき，次の式を計算しなさい。

① $2A - B$

② $2(2A - B) - 3(A - 2B)$

(2) 次の計算をしなさい。

① $-6x^4y \times 4x^6y^4$

② $(-ab^3c^2)^4$

③ $(xy^2z^3)^2 \times (-3x^2yz)^3$

④ $4x^2(x^3 + 6x^2 - 5x + 7)$

⑤ $(x^2 - 2x - 3) \times (-8x^2)$

⑥ $(7x - 1)(4x^2 - 5x + 3)$

(3) ある多項式から $4x^2 - xy + 3y^2$ を引くところを，誤ってこの式を加えたので，答えが $3x^2 + 2xy - 6y^2$ になった。正しい答えを求めよ。☆

(4) 次の式を展開したときに，[　]内の項の係数を求めよ。☆

$(3x^3 - 4x^2y + 7xy^2 - 9y^2)(5x^2 + 2xy - 6y^2)$　[x^2y^3]，[x^3y^2]

第1章 数と式

1-3 Check Point!  公式による展開

★乗法公式

1．$(a+b)^2$

2．$(a-b)^2$

3．$(a+b)(a-b)$

例）$(x+6)^2$

例）$(x-8)^2$

例）$(x+4)(x-4)$

4．$(x+a)(x+b)$

5．$(ax+b)(cx+d)$

例）$(x+2)(x+3)$

例）$(3x+4)(2x+5)$

【Q】次の式を展開しなさい。

(1) $(a+7)^2$

(2) $(6x-7)(6x+8)$

(3) $(4x-7y)^2$

(4) $(5x^2+8x)(5x^2-8x)$

(5) $(6x+y)(8x+7y)$

(6) $2x(5x-3y)(2x+9y)$

次の式を展開しなさい。

(1) $(4a+9)^2$

(2) $(5x^2-6x)^2$

(3) $(x+11)(x-11)$

(4) $(4a-3b)(4a+3b)$

(5) $(x-8)(x+7)$

(6) $(4x+y)(4x-5y)$

(7) $(6a^2-5)(6a^2-8)$

(8) $(5x+8)(7x-9)$

(9) $(6x-y)(7x+4y)$

(10) $(-ab+c)(-ab-c)$

(11) $\left(3x-\frac{1}{2}y\right)^2$

(12) $3x(4x+3y)(2x-5y)$

1-4 Check Point!  置き換えによる展開

★(　　)の中の項が 3 項以上の展開

共通部分を　　　　　　　　　て，公式が使える形にする。

例) $(a+b+c)^2$

【Q】次の式を展開しなさい。

(1) $(x-y+3)(x-y-6)$

(2) $(a-5b-4c)^2$

(3) $(x^2+2x+8)(x^2+x-8)$

(4) $(x+y-z)(x-y+z)$

(5) $(a-b+c-d)(a+b-c-d)$ ☆

(6) $a+b-c=2,\ ab-bc-ca=3$ のとき，

$a^2+b^2+c^2$ の値 ☆

第1章　数と式

(1) 次の式を展開しなさい。

① $(x+y+7)(x+y-9)$

② $(5a-4b+2)(5a-3b+2)$

③ $(x-2y-3z)^2$

④ $(6a-4b+5c)^2$

⑤ $(a-b+c)(a+b-c)$

⑥ $(x-y+2z)(-x-y-2z)$

⑦ $(a+b+c-d)(a-b-c-d)$ ☆

(2) $a-b-c=1$, $ab-bc+ca=4$ のとき，$a^2+b^2+c^2$の値を求めなさい。☆

1-5 Check Point!  組み合せを利用した展開

★ A^2B^2の展開

$A^2B^2 =$ 　　　　の形にして，公式利用。

例）$(a+b)^2(a-b)^2$

★（　　）が 3 つ以上の展開

　　　　が使える組み合せを考える

例）$(a+b)(a^2+b^2)(a-b)$

★（　　）が 3 つ以上の置き換えを利用する展開

展開したときに　　　　　　　ができる組み合せをつくり，置き換えを利用する。

例）$(x^2+3x+1)(x+1)(x+2)$

【Q】次の式を展開しなさい。

(1) $(x+5)^2(x-5)^2$

(2) $(x-2y)(x^2+4y^2)(x+2y)$

(3) $(x+3)(x^2+2x+1)(x-1)$

(4) $(x+1)(x+5)(x+2)(x+6)$

次の式を展開しなさい。

(1) $(a+3b)^2(a-3b)^2$

(2) $(3x+y)(9x^2+y^2)(3x-y)$

(3) $(x+2)^2(x-2)^2(x^2+4)^2$

(4) $(x+1)(x+2)(x+3)(x+4)$

(5) $(x-3)(x+2)(x-1)(x-6)$

(6) $(x-1)(x-4)(x+1)(x+4)$

(7) $(x-y)(x+y)(x^2+y^2)(x^4+y^4)$ ☆

(8) $(x-1)(x^4+1)(x^3+x^2+x+1)$ ☆

1-6 Check Point! 3次式の展開 ☆

★ 3次の乗法公式

1. $(a+b)^3$

2. $(a-b)^3$

例）$(x+3)^3$

例）$(x-4)^3$

3. $(a+b)(a^2-ab+b^2)$

4. $(a-b)(a^2+ab+b^2)$

例）$(x+5)(x^2-5x+25)$

例）$(x-6)(x^2+6x+36)$

★ 暗記すべき3乗の数

$1^3=$　　$2^3=$　　$3^3=$　　$4^3=$　　$5^3=$

【Q】次の式を展開しなさい。

(1) $(2x+3)^3$

(2) $(4x-5)^3$

(3) $(a+4b)(a^2-4ab+16b^2)$

(4) $(4x-3y)(16x^2+12xy+9y^2)$

(5) $(a+1)(a^2+a+1)(a^2-a+1)^2$

(6) $(x-y)^3(x+y)^3(x^2+y^2)^3$

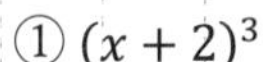

1-6 3次式の展開 ☆

(1) 次の式を展開しなさい。

① $(x+2)^3$

② $(3a+2b)^3$

③ $(x-3y)^3$

④ $(x-2)(x^2+2x+4)$

⑤ $(a+3b)(a^2-3ab+9b^2)$

⑥ $(a+1)^2(a^2-a+1)^2$

(2) 次の式を展開しなさい。

① $(x-3)(x+1)(x^2+3x+9)(x^2-x+1)$

② $(a^2+b^2)^3(a+b)^3(a-b)^3$

③ $(a+b+c)(a^2+b^2+c^2-ab-bc-ca)$

1-7 Check Point!  公式の因数分解

★ 因数分解

整式を 1 次式以上の整式の　　　　に表すこと。積を作っている各式を　　　　という。

★ 因数分解の手順

① まず　　　　　　でくくれるかを考える。

例）$4x^2-36$

② 乗法公式を利用する。

1. $a^2+2ab+b^2$

例）x^2+6x+9

2. $a^2-2ab+b^2$

例）$x^2-8x+16$

3. a^2-b^2

例）x^2-49

4. $x^2+(a+b)x+ab$

例）$x^2+11x+28$

【Q】次の式を因数分解しなさい。

(1) $9a^3b+12ab^2-18a^2$

(2) $16x^2-25y^2$

(3) $x^2-5xy-24y^2$

(4) $18x^2+24x+8$

(5) $2x^2y-12xy^2+18y^3$

(6) $4x^2(x-2y)+y^2(2y-x)$

次の式を因数分解しなさい。

(1) $5a^3b - 25a^2b^2$

(2) $6a^2b - 12ab^2 + 3ab$

(3) $x^2 - 6xy - 16y^2$

(4) $a^2 + 16ab + 64b^2$

(5) $16x^2 - 24x + 9$

(6) $49x^2 - 36y^2$

(7) $27a^2 + 18a + 3$

(8) $9x^3y - 36xy^3$

(9) $2x^3 - 6x^2y + 4xy^2$

(10) $\dfrac{1}{4}x^2 - x + 1$

(11) $x^2 - (a^2 + 2a)x + 2a^3$ ☆

(12) $a^2(b - a) + b^2(a - b)$ ☆

1-8 Check Point!  たすきがけの因数分解

★ 因数分解では，まず　　　　　　　でくくれるかを考える。

★ x^2の係数が 1 以外の因数分解

たすきがけによる因数分解

$$\boldsymbol{acx^2 + (ad + bc)x + bd}$$

例）$2x^2 + 7x + 3$　　　$3x^2 - 7x + 4$　　　$4x^2 - 15x - 4$

【Q】次の式を因数分解しなさい。

(1) $2x^2 + 5x + 3$

(2) $3a^2 - 7ab + 2b^2$

(3) $6ax^2 + 14axy - 12ay^2$

(4) $4ax^2 - (a^2 - 8)x - 2a$

次の式を因数分解しなさい。

(1) $3x^2+5x+2$

(2) $6x^2+17x+7$

(3) $4x^2-3x-27$

(4) $6x^2-11x+4$

(5) $8x^2+14xy-15y^2$

(6) $12x^2-16xy+4y^2$

(7) $12x^2y-7xy^2-12y^3$

(8) $4ax^2+10axy-24ay^2$

(9) $\dfrac{2}{5}x^3y-x^2y^2+\dfrac{2}{5}xy^3$ ☆

(10) $abx^2-(a^2-b^2)x-ab$ ☆

1-9 Check Point!  置き換えを利用する因数分解

★置き換えをするパターンの因数分解

① 　　　　な部分がある。

例）$(x+3)x+x+3$

② 置き換えると　　　　　　になる。

例）$(a+4)^2-b^2$

③ 　　がある。

例）x^4-2x^2+1

★因数に　　　　　　があるときは，さらに因数分解できるか確認する。

例）$(x+2)(3x^2+4x+1)$

【Q】次の式を因数分解しなさい。

(1) $(a-5)x-a+5$

(2) $3(x+1)^2-8(x+1)-16$

(3) $(a+b)^2-b^2$

(4) x^4-8x^2-9

(5) $x^2-2xy+y^2-25$

(6) $(a+b+2)(a+b-5)+6$

1-9 置き換えを利用する因数分解

次の式を因数分解しなさい。

(1) $(2a+b)x-(2a+b)y$

(2) $8(x-2)^2+10(x-2)-3$

(3) $(x^2+4x)^2-4(x^2+4x)-21$

(4) $(x+y)a-x-y$

(5) x^4-7x^2+6

(6) x^2-y^2+4y-4

(7) $4x^4-21x^2y^2+5y^4$

(8) $2(x-y)^2-x+y-6$

(9) $(x^2-2x)(x^2-2x-2)-3$ ☆

(10) $(x^2+x-5)(x^2+x-1)+3$ ☆

1-10 Check Point!  複数の文字の因数分解

★ 複数の文字の因数分解

もっとも　　　　　　　　　　文字について，式を整理してから因数分解する。

例）$x^2+xy-y-1$

★ 共通な部分や，置き換えをすると公式が使える場合は，　　　　　　　　をする。

【Q】次の式を因数分解しなさい。

(1) $x^2+xy+2x+y+1$

(2) x^2+xz-y^2+yz

(3) $x^3+2x^2y+zx^2+xy^2+2xyz+zy^2$

(4) $\mathrm{a}^2-1-4\mathrm{b}-4\mathrm{b}^2$

(5) $2a(b+1)-(b+2)-ab$

(6) $x^3+(a+2)x^2+(2a+1)x+a$

次の式を因数分解しなさい。

(1) $ab-4a+b-4$

(2) $xy-x-y+1$

(3) $b^3+ab^2-bc^2-ac^2$

(4) $ax^2-4a-2x^2y+8y$

(5) x^2-16-y^2+8y

(6) $25x^2-4y^2-16+16y$

(7) $4x^2-9y^2-12y-4$

(8) $a(a+2b)-3(a+b)-ab$

(9) $-3a^3+(9b+c)a^2-3b(c+2b)a+2b^2c$ ☆

(10) $8a^3+12a^2b+4ab^2+6a^2+9ab+3b^2$ ☆

1-11 Check Point!  式のたすきがけ

★ 係数や定数項が式になっている因数分解

式を定数扱いして,　　　　　　　　　　をする。

例）$x^2+(3y-5)x+(2y-3)(y-2)$

【Q】次の式を因数分解しなさい。

(1) $2x^2+(7y+3)x+(y-1)(3y+2)$

(2) $6x^2-(4y+1)x-(y-5)(2y-3)$

★ 複数の文字をふくむ式の因数分解

もっとも　　　　　　　　文字について式を整理する。

例）$x^2+2xy+y^2+3x+3y+2$

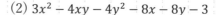

【Q】次の式を因数分解しなさい。

(1) $x^2-3xy+2y^2+2x-y-3$

(2) $3x^2-4xy-4y^2-8x-8y-3$

次の式を因数分解しなさい。

(1) $x^2+(3y+2)x+(2y+1)(y+1)$

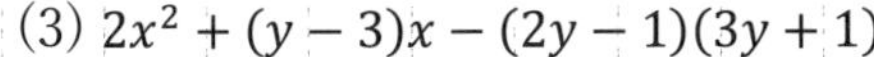

(2) $x^2-(4y-1)x+(y-2)(3y+1)$

(3) $2x^2+(y-3)x-(2y-1)(3y+1)$

(4) $6a^2-(3b-5)a-(b+1)(3b-1)$

(5) $x^2+2xy+3x+y^2+3y+2$

(6) $x^2-xy-2x-2y^2+7y-3$

(7) $2x^2-3xy-2y^2-5x+5y+3$

(8) $6x^2-5xy-6y^2-12x+5y+6$

1-12 Check Point!  複雑な因数分解 ☆

★ 複数の文字をふくむ式の因数分解は，もっとも　　　　　　　文字について式を整理する。

★ 組み合せを考える。

【Q】次の式を因数分解しなさい。

(1) $(c-b)a^2+(a-c)b^2+(b-a)c^2$

(2) $(x-1)(x-3)(x-5)(x-7)+15$

★ 複２次式

　　　　　　　の形になっている式。

★ 複２次式の解く手順

①　　　　　と置き換える。

② ①のケースでできない場合，　　　　　　　　の形に変形する。

例）x^4+x^2+1

【Q】次の式を因数分解しなさい。

(1) x^4-3x^2+1

(2) x^4-8x^2+4

第1章　数と式

1-12　複雑な因数分解 ☆

次の式を因数分解しなさい。

(1) $a^2(b-c)+b^2(c-a)+c^2(a-b)$

(2) $ab(a-b)+bc(b-c)+ca(c-a)$

(3) $(x+1)(x+2)(x+3)(x+4)-24$

(4) $(x^2-4x+3)(x^2-12x+35)-9$

(5) x^4+5x^2+9

(6) $x^4-7x^2y^2+y^4$

1-13 Check Point!  3次式の因数分解 ☆

★ 因数分解では，まず 共通因数でくくれるかを考える。

★ 3次式の因数分解では，次の乗法公式を利用する。

1． a^3+b^3

例）x^3+27

2． a^3-b^3

例）x^3-64

3. $a^3+3a^2b+3ab^2+b^3$

例）$x^3+9x^2+27x+27$

4. $a^3-3a^2b+3ab^2-b^3$

例）$x^3-12x^2+48x+64$

★ 暗記すべき3乗の数

$1^3=$　　$2^3=$　　$3^3=$　　$4^3=$　　$5^3=$

★ $a^3+b^3+c^3-3abc$ の因数分解

【Q】次の式を因数分解しなさい。

(1) $8x^3+27$

(2) $2x^3-128y^3$

(3) $x^3+6x^2+12x+8$

(4) $27a^3-54a^2b+36ab^2-8b^3$

(5) x^6-y^6

(6) $x^3+y^3+8z^3-6xyz$

次の式を因数分解しなさい。

(1) $x^3 - 125$

(2) $a^3 + 64b^3$

(3) $27a^3 + 8b^3$

(4) $\frac{1}{4}a^3 - 2$

(5) $64a^6 - b^6$

(6) $x^3 + 6x^2 + 12x + 8$

(7) $x^3 - 9x^2y + 27xy^2 - 27y^3$

(8) $8a^3 - 36a^2b + 54ab^2 - 27b^3$

(9) $x(x^2 + y^2) - z(y^2 + z^2)$

(10) $a^3 + b^3 + 8 - 6ab$

(11) $a^3 + b^3 + c^3 - 3abc$ を，$a^3 + b^3 = (a + b)^3 - 3ab(a + b)$ を利用して因数分解しなさい。

1-14 Check Point! 有理数・無理数

★ 実数の分類

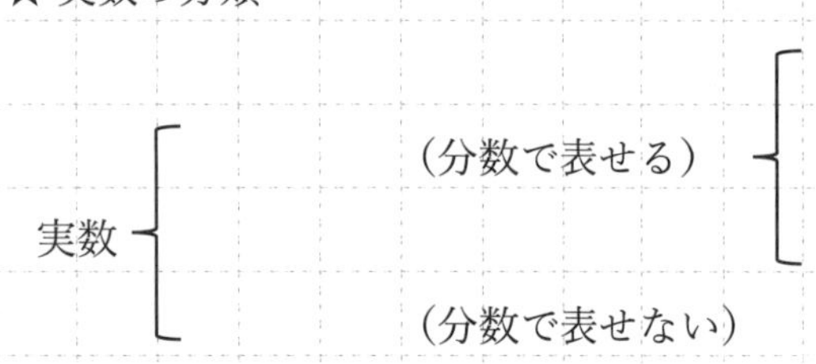

実数
- （分数で表せる）
  - … 0，1，－3 など
  - … 0.2，0.345，6.789 など
  - … 0.333...，0.41717...，1.234234...など
- （分数で表せない） … $\sqrt{2}$，$\sqrt{5}$，　　など

★ 循環小数の表し方

くり返される並びのはじめと終わりの数の上に・をつける。

例） 0.333...　　　0.2171717...　　　1.234234234...

★ 有限小数と循環小数の見分け方

① まず分母を素因数分解する。

② 分母の素因数が　と　だけ ⇒　　　　それ以外の素因数 ⇒

例） $\frac{17}{40}$　　　　例） $\frac{8}{30}$

【Q】次の問いに答えなさい。

(1) 次の数の中から，①自然数，②整数，③有理数，④無理数をそれぞれ選びなさい。

$\frac{6}{3}$　　$\sqrt{7}+4$　　$-\sqrt{\frac{25}{36}}$　　$0.\dot{6}$　　0　　$\frac{4\pi}{3}$

①自然数　　②整数　　③有理数　　④無理数

(2) 次の分数を小数になおし，循環小数は $0.\dot{6}$ のような表し方で書きなさい。

① $\frac{7}{8}$　　② $\frac{2}{11}$

(3) 次の分数を，有限小数で表されるものと循環小数で表されるものに分けなさい。

① $\frac{7}{20}$　　② $\frac{1}{12}$　　③ $\frac{3}{8}$　　④ $\frac{2}{45}$

1-14 有理数・無理数

(1) 次の数の中から，①自然数，②整数，③有理数，④無理数をそれぞれ選びなさい。

$\frac{42}{7}$ -2.9 $\sqrt{5}+8$ 0 3π $0.\dot{2}6\dot{7}$ $-\sqrt{\frac{9}{16}}$

①自然数 ②整数 ③有理数 ④無理数

(2) 次の分数を小数になおし，循環小数は$0.\dot{6}$ のような表し方で書きなさい。

① $\frac{5}{8}$ ② $\frac{3}{25}$ ③ $\frac{5}{11}$

(3) 次の分数を，有限小数で表されるものと循環小数で表されるものに分けなさい。

$\frac{23}{4}$ $\frac{5}{27}$ $\frac{7}{6}$ $\frac{3}{16}$ $\frac{8}{99}$ $\frac{19}{125}$

(4) $\frac{15}{37}$ を小数で表したとき，小数第 50 位の数を求めよ。

(5) 有理数と無理数の和は，有理数か無理数かのどちらかを答えよ。

1-15 Check Point!  循環小数

★ 循環小数

循環小数は　　　　で表すことができる。

例） $0.\dot{3}$

【Q】次の循環小数を分数で表しなさい。

(1) $2.\dot{5}\dot{6}$

(2) $0.\dot{3}7\dot{5}$

Try Out!

1-15　循環小数

次の循環小数を分数で表しなさい。

(1) $0.\dot{4}$

(2) $0.0\dot{5}$

(3) $0.\dot{4}\dot{5}$

(4) $0.\dot{6}5\dot{4}$

1-16 Check Point!  絶対値

★ 数直線

数直線上で，点 P の座標が a である点を，　　　で表す。

0

★ 絶対値

原点 O と P(a) 間の距離を　　　といい　　　で表す。

$|a| = \{$

例）$a = 3$ のときの $|a|$　$a = -3$ のときの $|a|$

★ 絶対値記号のはずし方

絶対値記号の中が正 ⇒

絶対値記号の中が負 ⇒

例）$|\pi - 3|$

例）$|\sqrt{7} - 3|$

【Q】次の値を求めなさい。

(1) $|4 - \pi|$　(2) $|\sqrt{10} - 4|$　(3) $x = -2$のとき，$|2 - x| - |x - 5|$

Try Out! 

1-16　絶対値

次の値を求めなさい。

(1) $|8|$　(2) $|-1|$　(3) $|-11 + 9| - |2 - 7|$

(4) $|3 - \pi|$　(5) $|3 - \sqrt{10}|$　(6) $|3 - \sqrt{6}| + |2 - \sqrt{6}|$

(7) $a = -4$のとき，$|a + 5| - |2a - 1|$　(8) $x > 3$のとき，$|2 - x| + |x - 3|$

1-17 Check Point!  $\sqrt{\ }$をふくむ式の計算

★ $\sqrt{\ }$の性質

1．$a \geqq 0$のとき，$(\sqrt{a})^2$

例）$(\sqrt{5})^2$

2．$\sqrt{a^2}$

例）$\sqrt{(-2)^2}$

★ $\sqrt{\ }$をふくむ式の計算

1．$a\sqrt{b} \times c\sqrt{d}$

例）$2\sqrt{3} \times 4\sqrt{5}$

2．$\sqrt{ac} \div \sqrt{bc}$

例）$\sqrt{2x} \div \sqrt{3x}$

3．$a\sqrt{c} + b\sqrt{c}$

例）$2\sqrt{3} + 5\sqrt{3}$

4．$\sqrt{k^2a}$

例）$\sqrt{3^2 \times 5}$

★計算の答え方

① $\sqrt{\ }$がはずせるときははずす。

例）$\sqrt{36} =$

② $a\sqrt{b}$の形に変形する。

例）$\sqrt{18} =$

【Q】次の計算をしなさい。

(1) $(-\sqrt{6})^2$

(2) $\sqrt{125}$

(3) $\sqrt{0.0064}$

(4) $\sqrt{(-7)^2}$

(5) $2\sqrt{18} \times 3\sqrt{24}$

(6) $2\sqrt{40} \div 4\sqrt{5}$

(7) $3\sqrt{2} + \sqrt{32} - \sqrt{75} - 4\sqrt{27}$

(8) $(2\sqrt{3} - \sqrt{7})^2$

(9) $(\sqrt{6} - 2\sqrt{2})(2\sqrt{6} + \sqrt{2})$

1-17 $\sqrt{\ }$ をふくむ式の計算

次の計算をしなさい。

(1) $\left(2\sqrt{8}\right)^2$

(2) $\sqrt{72}$

(3) $\sqrt{0.0049}$

(4) $\sqrt{18}\times\sqrt{54}$

(5) $6\sqrt{75}\div 2\sqrt{3}$

(6) $\sqrt{20}-3\sqrt{24}+\sqrt{72}-2\sqrt{48}$

(7) $\left(3\sqrt{2}-2\sqrt{3}\right)^2$

(8) $\left(3\sqrt{3}+\sqrt{2}\right)\left(3\sqrt{3}-3\sqrt{2}\right)$

(9) $\left(2\sqrt{5}-5\sqrt{3}\right)\left(3\sqrt{5}+2\sqrt{3}\right)$

(10) $\left(1-\sqrt{2}+\sqrt{3}\right)^2$

(11) $\left(\sqrt{3}-\sqrt{2}+\sqrt{5}\right)\left(\sqrt{3}-\sqrt{2}-\sqrt{5}\right)$

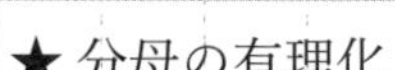

分母の有理化

★ 分母の有理化

分母に $\sqrt{}$ を含む式を，分母に $\sqrt{}$ を含まない式に変形することを，分母の　　　　　という。

例）$\dfrac{1}{\sqrt{2}}$

★ 分母に和や差があるときの分母の有理化

もとの分母の　　　　　　　　　　　　　式を分母分子にかける。

例）$\dfrac{1}{\sqrt{5}+\sqrt{3}}$

【Q】次の計算をしなさい。

(1) $\dfrac{30}{\sqrt{15}}$

(2) $\dfrac{6}{\sqrt{18}}$

(3) $\dfrac{3+\sqrt{2}}{3-\sqrt{2}}$

(4) $\dfrac{\sqrt{7}+3}{\sqrt{7}-3}-\dfrac{\sqrt{7}-3}{\sqrt{7}+3}$

第1章　数と式

1-18　分母の有理化

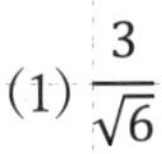

次の計算をしなさい。

(1) $\dfrac{3}{\sqrt{6}}$　　(2) $-\dfrac{2}{3\sqrt{8}}$　　(3) $\dfrac{4}{3-\sqrt{5}}$　　(4) $\dfrac{\sqrt{3}-2}{\sqrt{3}+2}$

(5) $\sqrt{18}+\dfrac{1}{\sqrt{27}}-\dfrac{1}{\sqrt{12}}$　　(6) $\dfrac{\sqrt{5}+2}{\sqrt{5}-2}-\dfrac{\sqrt{5}-2}{\sqrt{5}+2}$

(7) $\dfrac{1}{1+\sqrt{2}}+\dfrac{2}{\sqrt{2}+\sqrt{3}}-\dfrac{1}{\sqrt{3}+2}$

(8) $\dfrac{\sqrt{3}-\sqrt{2}}{\sqrt{3}+\sqrt{2}}+\dfrac{\sqrt{2}+1}{\sqrt{2}-1}-\dfrac{\sqrt{3}-2}{\sqrt{3}-\sqrt{2}}$

1-19 Check Point! 3項の有理化 ☆

★ 分母が3項の式の有理化

分母の項の符号を1つ変えたものを分母分子にかける。

例) $\dfrac{1}{\sqrt{2}+\sqrt{5}+\sqrt{7}}$

【Q】次の式の分母を有理化しなさい。

$$\frac{\sqrt{2}-\sqrt{3}-\sqrt{5}}{\sqrt{2}+\sqrt{3}+\sqrt{5}}$$

Try Out!

次の式の分母を有理化しなさい。

(1) $\dfrac{1}{\sqrt{2}-\sqrt{3}+\sqrt{5}}$

(2) $\dfrac{\sqrt{3}-\sqrt{7}-\sqrt{10}}{\sqrt{3}+\sqrt{7}+\sqrt{10}}$

1-20 Check Point! 式の値

★x，yの対称式（x と y を入れ替えてももとと同じ式）

x^2+y^2，$\dfrac{y}{x}+\dfrac{x}{y}$ の値を求めるときは，以下の式変形を利用する。

・x^2+y^2

・$\dfrac{y}{x}+\dfrac{x}{y}$

【Q】次の問いに答えなさい。

(1) $x=\dfrac{\sqrt{2}+1}{\sqrt{2}-1}$，$y=\dfrac{\sqrt{2}-1}{\sqrt{2}+1}$ のとき，次の式の値を求めなさい。

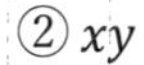

① $x+y$

② xy

③ x^2+y^2

④ $\dfrac{y}{x}+\dfrac{x}{y}$

(2) $x=2-\sqrt{3}$ のとき，次の値を求めよ。☆

① x^2-4x+1

② x^3-4x^2+x+3

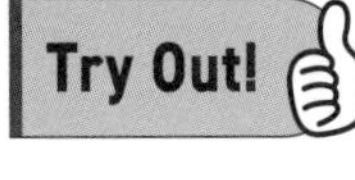

(1) $x=\dfrac{\sqrt{3}-1}{\sqrt{3}+1}$，$y=\dfrac{\sqrt{3}+1}{\sqrt{3}-1}$ のとき，次の式の値を求めなさい。

① $x+y$

② xy

③ $x^2-2xy+y^2$

④ x^3+y^3 ☆

(2) $x=1-\sqrt{2}$ のとき，次の値を求めよ。

① $x+\dfrac{1}{x}$

② $x^2+\dfrac{1}{x^2}$

③ $x^3+\dfrac{1}{x^3}$ ☆

④ $x^4+\dfrac{1}{x^4}$ ☆

(3) $x=3-\sqrt{5}$ のとき，次の値を求めよ。☆

① x^2-6x+4 の値を求めよ。

② x^3-6x^2

1-21 Check Point!  整数部分と小数部分 ☆

★実数 x の整数部分と小数部分

x の整数部分を a，小数部分を b とすると，$b =$

例）$\sqrt{2}$ の整数部分を a，小数部分を b

【Q】$\dfrac{1}{2-\sqrt{2}}$ の整数部分を a，小数部分を b とするとき，a^2+ab+b^2 の値を求めなさい。

1-21　整数部分と小数部分 ☆

(1) $\dfrac{2}{\sqrt{5}-2}$ の整数部分を a，小数部分を b とするとき，$a^2+3ab+b^2$ の値を求めなさい。

1-22 Check Point!  二重根号 ☆

★ 根号の中の文字

$\sqrt{x^2} =$ 　　を利用して，$\sqrt{\ }$ を外す。

例）$\sqrt{(x+3)^2}$

【Q】次の場合について，$\sqrt{x^2-6x+9}$ を x の多項式で表しなさい。

(1) $x \geqq 3$

(2) $x < 3$

★ 二重根号のはずし方

① $\sqrt{A \pm \quad \sqrt{B}}$ の形にする。

② かけて　　たして　　の 2 数 a，b をみつける。

③ 大きいほうの数を前にして，　　　　　　と書く。

例）$\sqrt{5-2\sqrt{6}}$

【Q】次の式を簡単にしなさい。

(1) $\sqrt{7+2\sqrt{12}}$

(2) $\sqrt{4-\sqrt{12}}$

(3) $\sqrt{9-6\sqrt{2}}$

(4) $\sqrt{6-3\sqrt{3}}$

1-22　二重根号 ☆

(1) 次の場合について，$\sqrt{x^2-12x+36}$ を x の多項式で表しなさい。

① $x \geqq 6$　　② $x<6$

(2) 次の式を簡単にしなさい。

① $\sqrt{4+2\sqrt{3}}$　　② $\sqrt{16-2\sqrt{15}}$　　③ $\sqrt{12+\sqrt{80}}$

④ $\sqrt{11-6\sqrt{2}}$　　⑤ $\sqrt{4+\sqrt{15}}$　　⑥ $\sqrt{8-3\sqrt{7}}$

(3) 小数部分が $\sqrt{7}$ の小数部分と等しいものを次から選べ。

① $\sqrt{16-2\sqrt{63}}$　　② $\sqrt{10-\sqrt{84}}$　　③ $\sqrt{11-4\sqrt{7}}$

1-23 Check Point! 1次不等式

★ 不等式の性質

1．$A < B$ ならば

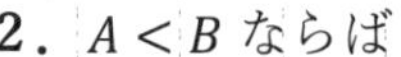

2．$A < B$ ならば

3．$A < B$，$C > 0$ ならば

4．$A < B$，$C < 0$ ならば

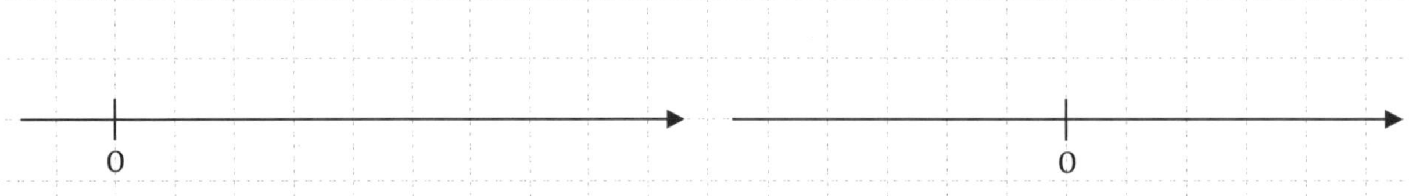

★ 1次不等式を解く手順　　　　例）$x - 1 > 5 + 4x$

① 1次方程式と同じように解いていく。

xの項を　　　，定数項を　　　に移項し整理する。

② xの係数で両辺をわる。

xの係数が　　のときは，　　　　　が変わる。

【Q】次の1次不等式を解きなさい。

(1) $8x + 5 < 3x + 15$

(2) $4x - 3 \leqq 7x + 9$

(3) $3(2x - 1) \leqq 2(x + 3)$

(4) $\frac{1}{2}x + \frac{5}{3} > \frac{5}{6}x - 1$

(5) $0.1x - 0.9 < \frac{x - 3}{5} - 1$

(1) 次の1次不等式を解きなさい。

① $4x + 3 \geqq x + 9$

② $6x - 5 > 8x + 13$

③ $2(2x + 1) - 6(x + 3) \leqq 0$

④ $\frac{1}{2}x - 1 < \frac{2}{3}x - \frac{3}{2}$

⑤ $\frac{1}{6}x - \frac{4x - 3}{9} \leqq 2$

⑥ $-0.1x + 0.15 \leqq 0.6 + 0.25x$

⑦ $0.4x - 0.9 < \frac{x}{3} - \frac{1}{2}$

⑧ $\sqrt{3}x - 2 > 2x + \sqrt{3}$

(2) $1 < x < 5$, $-2 < y < 4$ のとき，次の式のとりうる値の範囲を求めよ。☆

① $4x + y$

② $2x - y$

1-24 Check Point!  連立不等式

★ 連立不等式

いくつかの不等式を組み合わせたものを　　　　　　　という。

例) $\begin{cases} 2x+1>-5 & \cdots① \\ x-8 \leqq -3x & \cdots② \end{cases}$

★ 連立不等式を解く手順　　　　　　　　例)

① それぞれの不等式を解く。

② ①の解を数直線上に表し，　　　　　　を求める。

x

【Q】次の連立不等式を解きなさい。

(1) $\begin{cases} 8x+2 \leqq 3x-8 \\ 2x-8>4x-3 \end{cases}$

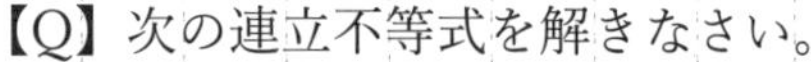

x

(2) $\begin{cases} 0.6(x-1) \geqq 0.3x \\ 0.2(x-3)+1.5 \geqq -0.2x+0.3 \end{cases}$

x

(3) $3x+5<4x+7 \leqq 12-x$

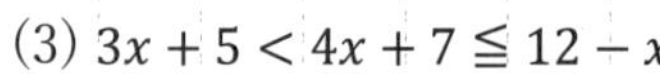

x

(4) $\dfrac{2x+12}{3} \leqq 3-x < \dfrac{3}{2}x+\dfrac{14}{3}$

x

第1章　数と式

次の連立不等式を解きなさい。

(1) $\begin{cases} 8x+1 \leqq 5x+10 \\ -3x+7 < x+2 \end{cases}$

(2) $\begin{cases} 4(x-2) \geqq 5(2x-3) \\ x < 6(1-x) \end{cases}$

(3) $\begin{cases} 3x-2 > 4(x-1) \\ 0.3(x-1) < 0.2x+0.1 \end{cases}$

(4) $\begin{cases} \dfrac{3x+4}{3} - \dfrac{x-2}{2} > x - \dfrac{1}{6} \\ -2(x-2) \leqq x-5 \end{cases}$

(5) $4x-3 < 6x-9 \leqq 2x+7$

(6) $\dfrac{3}{2}x + \dfrac{14}{3} \leqq 3 - x < \dfrac{x+12}{3}$

1-25 Check Point!  不等式を満たす整数 / 係数に文字を含む不等式

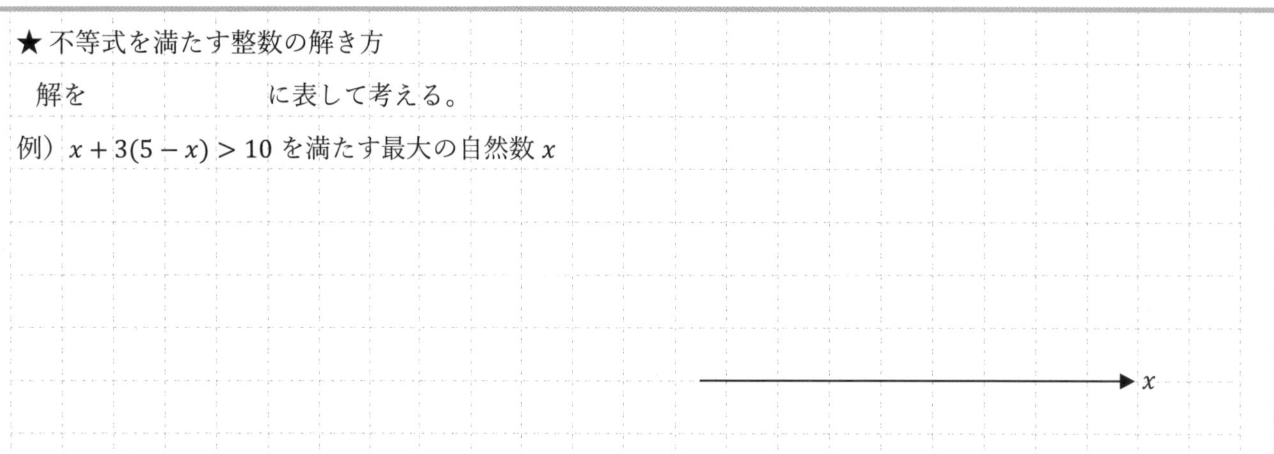

★ 不等式を満たす整数の解き方

解を　　　　　　　　に表して考える。

例）$x + 3(5 - x) > 10$ を満たす最大の自然数 x

x

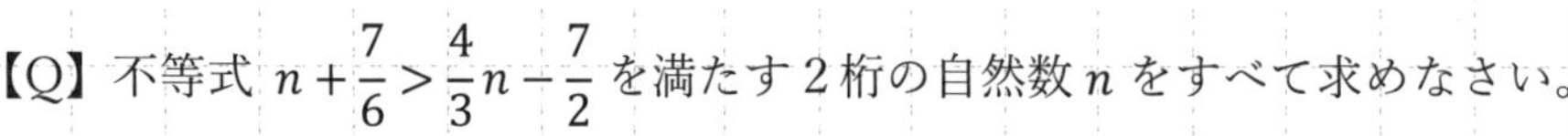

【Q】不等式 $n + \frac{7}{6} > \frac{4}{3}n - \frac{7}{2}$ を満たす2桁の自然数 n をすべて求めなさい。

x

★ 文字係数の不等式の解き方 ☆

不等式 $Ax > B$ を解くときは,　　　　　　　　　　　　　　　　に場合分けする。

例）$ax + 2 > 0$

【Q】a を定数とする次の不等式を解きなさい。☆

$ax - 6 > 2x - 3a$

第1章　数と式

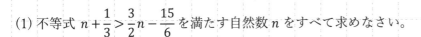

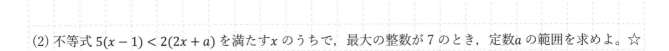

(1) 不等式 $n+\frac{1}{3}>\frac{3}{2}n-\frac{15}{6}$ を満たす自然数 n をすべて求めなさい。

(2) 不等式 $5(x-1)<2(2x+a)$ を満たす x のうちで，最大の整数が 7 のとき，定数 a の範囲を求めよ。☆

(3) a を定数とする次の不等式を解きなさい。☆

① $ax-3>0$

② $x-4>4a-ax$

1-26 Check Point!  不等式の文章題

★ 文章題を解く手順

① 分からない値は　　　で表し，　　　　　　　　　例）50 円の A と 30 円の B が 10 個で 400 円以下

関係式を作って，　　　　　　　　をする。

② x を使って，問題の大小関係を　　　　　で表す。

（等式で考えてから不等号に直すと作りやすい）

③ 不等式を解く。

④ x の条件を考え，問題に　　　　　　を求める。

単位があるときは，単位をつけて答える。

【Q】次の問いに答えなさい。

(1) A から 1000m 離れた B まで行くのに，はじめは分速 50m で歩き，途中から分速 150m で走る。出発してから 10 分以内に B に着くためには，分速 50m で歩く道のりを何 m 以下にすればよいか求めよ。

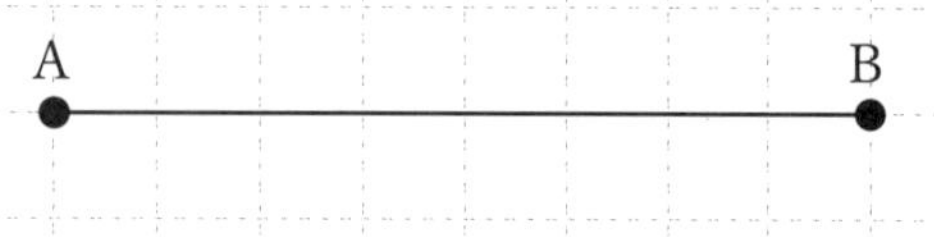

(2) 6%の食塩水が 200g ある。これに食塩を加えて 10%以上の食塩水を作りたい。

加える食塩の重さは何 g 以上か。

濃度	6%	100%	10%
食塩水	200g		
塩			

1-26　不等式の文章題

(1) 1 個 120 円のリンゴと 1 個 80 円の梨を合わせて 15 個買い，これを 200 円のかごに入れて，代金を 1800 円以下にしたい。リンゴをできるだけ多く買うとすると，リンゴは何個買えるか求めよ。

(2) 家から 5 km 離れた駅まで行くのに，はじめは時速 5km で歩き，途中から時速 10km で走る。出発してから 40 分以上 50 分以内に駅に着きたい。そのときの歩く道のりの範囲を求めよ。

(3) 6%の食塩水が 300g ある。これに食塩を加えて 10%以上 20%以下の食塩水を作りたい。加える食塩の重さの範囲を答えよ。

(4) 梨の会の会員になると，会費は 2000 円で，会員は梨を 10%引きで買うことができる。1 個 500 円の梨を何個以上買うと，会員になったほうが合計金額は安くなるか。

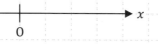

1-27 Check Point!  絶対値をふくむ方程式

★ 絶対値の方程式の簡便法

$|x| = c \Rightarrow$

例）$|x| = 3$

0　x

★ 絶対値をふくむ方程式を解く手順　　例）$|x-7| = 5$

① 絶対値の中の式を　　　でおく。

② 絶対値記号をはずす。

$|A| = c \Rightarrow$

③ もとの式にもどし，方程式を解く。

★ 複雑な場合は，　　　分け　　例）$|x| + |x-3| = 4$

$A \geqq 0$のとき $|A| =$

$A < 0$のとき $|A| =$

$\|x\|$					
$\|x-3\|$					

★ 方程式の解を求めた後に，必ず場合分けの　　　を満たしているか確認する。

【Q】次の方程式を解きなさい。

(1) $|2x-5| = 3$

(2) $|x+1| + |x-1| = -2x+3$ ☆

第1章　数と式

1-27　絶対値をふくむ方程式

(1) 次の方程式を解きなさい。

① $|x| = 7$

② $|x-2| = 9$

③ $|x+4| = 5x$

④ $|x-6| = -2x+3$

(2) $|x| + 2|x-1| = 3$ ☆

(3) $|x+1| + \sqrt{(x-3)^2} = 2x+5$ ☆

第1章　数と式

1-28 Check Point!  絶対値をふくむ不等式

★ 絶対値の不等式の簡便法

$|x| < c \Rightarrow$

$|x| > c \Rightarrow$

例）$|x| < 3$

例）$|x| > 3$

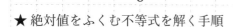

★ 絶対値をふくむ不等式を解く手順

① 絶対値の中の式を　　　　でおく。

② 絶対値記号をはずす。

$|A| < c \Rightarrow$

$|A| > c \Rightarrow$

③ もとの式にもどし，不等式を解く。

例）$|x-7| > 5$

★ 複雑な場合は，　　　　分け

$A \geqq 0$ のとき $|A| =$

$A < 0$ のとき $|A| =$

例）$|x| + |x-3| < 4$

$\lvert x \rvert$					
$\lvert x-3 \rvert$					

★ 不等式の解を求めた後に，必ず場合分けの　　　　との　　　　　　を求める。

【Q】次の不等式を解きなさい。

(1) $|x-3| \geqq 2$

(2) $|2x-1| < 3$

(3) $|x-2| \geqq 2x$

(4) $|x-1| + |x-2| < 4$ ☆

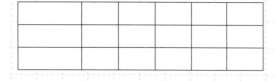

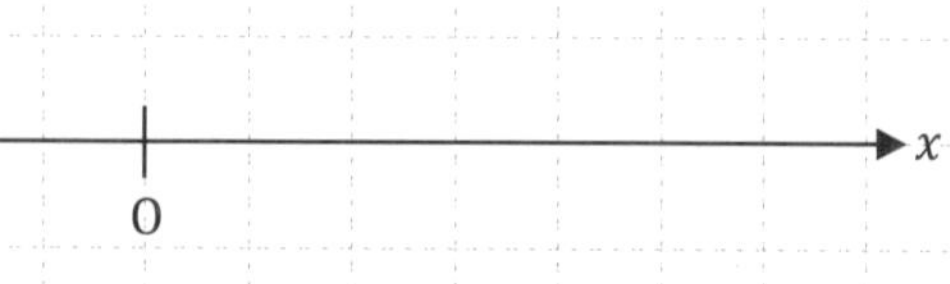

1-28　絶対値をふくむ不等式

(1) 次の不等式を解きなさい。

① $|x-2| \leqq 4$

② $|3x-2| > 1$

③ $|2x-1| < 3x$

④ $3|x+1| \geqq x+5$

⑤ $|2x| + |x-3| < 6$ ☆

(2) $|x-4| \leqq a$ ……(i) のとき，次の問いに答えよ。☆

① 不等式(i)の解を求めよ。

② $a=3$ のとき，不等式(i)を満たす整数 x は何個存在するか。

③ 不等式(i)を満たす x がちょうど5個存在するような a の値の範囲を求めよ。

High School
Mathematics I

第 2 章

集合と論証

2-1 Check Point!  集合と要素

★ 集合と要素

「5以下の自然数の集まり」などのように，範囲（条件）がはっきりしたものの集まりを　　　という。

集合を作っている1つ1つのものを　　　という。

例）5以下の自然数の集合P

P

★ a が集合Aの要素であることを，　　　と表す。

b が集合Aの要素でないことを，　　　と表す。

A

例）10以下の正の偶数全体の集合A

4　　　7

★ 集合の表し方

要素を書き並べる方法と，要素の条件を書く方法の2通りがある。

例）10以下の正の偶数全体の集合A

要素を書き並べる方法：

要素の条件を書く方法：

（補足）要素の個数が多い場合は，省略記号　　を使って表すこともある。

例）100以下の正の偶数全体の集合A（有限集合）：

正の3の倍数全体の集合B（無限集合）　　：

【Q】次の問いに答えなさい。

(1) A=$\{x \mid x$ は20以下の素数$\}$とする。次の□の中に $\in$ または $\notin$ のいずれかを書き入れよ。

① 1 □ A　② 2 □ A　③ 11 □ A　④ 18 □ A　⑤ 23 □ A

(2) 次の集合を，要素を書き並べて表しなさい。

① 20の正の約数全体の集合A　② 2桁の16の倍数全体の集合B

③ C=$\{x \mid 2 < x < 10$，x は偶数$\}$　④ D=$\{2n+1 \mid 2 \leqq n \leqq 4$，$n$ は整数$\}$

(3) 次の集合を，要素の条件を述べる方法で表せ。

① A=$\{3, 6, 9, 12, 15, 18\}$　② B=$\{6, 8, 10, \cdots, 116\}$

第2章　集合と論証

(1) A={ x | x は 2 桁の素数 } とする。次の□の中に ∈ または ∉ のいずれかを書き入れよ。

① 7 □ A　② 11 □ A　③ 73 □ A　④ 91 □ A

(2) 次の集合を，要素を書き並べて表しなさい。

① 18 の正の約数全体の集合 A　② 20 以下の正の奇数全体の集合 B

③ C={ x | $-3<x<2$，x は整数 }　④ D={ $2n-1$ | $1 \leqq n \leqq 3$，n は整数 }

(3) 次の集合を，要素の条件を述べる方法で表せ。

① A={ 4, 8, 12, 16, 20 }　② B={ 6, 9, 12, …, 234 }

③ C={ 5, 8, 11, …, 152 }　④ D={ 1, 4, 9, 16, …, 81 }

2-2 Check Point!  部分集合

★ 部分集合

集合 A と集合 B について，集合 A のすべての要素が集合 B にも属しているとき，

A を B の　　　　　　であるといい，　　　　　　または　　　　　　と表す。

集合 A と集合 B の要素がすべて一致しているとき，集合 A と集合 B は等しいといい，　　　　と表す。

例）A={ 1, 2, 5 }，B={ 1, 2, 3, 4, 5 }，C={ 1, 2, 3, 4, 5 }

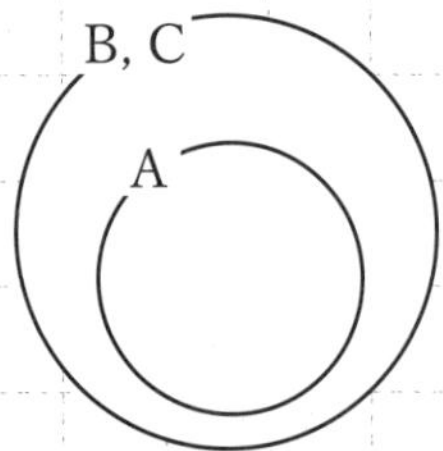

★ 要素が 1 つもない集合を空集合といい，　　で表す。

空集合はすべての集合の　　　　　　である。

★ 集合 A について，**A** 自身も **A** の　　　　　　である。

例）A={ 1, 2 } のとき，A の部分集合

【Q】次の問いに答えなさい。

(1) 次の 2 つの集合の関係を⊂，⊃，＝ を使って表しなさい。

① A={ 1, 2, 3, 6 }，B={ 1, 2, 3, 4, 6, 12 }

② A={ 1, 2, 3, 6 }，C={ x | x は 6 の正の約数 }

③ C={ $2x+1$ | $1 \leqq x \leqq 5$，x は整数 }，D={ $4x+3$ | $0 \leqq x \leqq 2$，x は整数 }

(2) A={ x | $1 \leqq x \leqq 10$，x は奇数 } とする。B={ 1, 2, 3 }，C={ 5, 7 }，D={ 1, 3, 5, 7, 9 }，E= ϕ のうち，集合 A の部分集合であるものを答えなさい

(3) 集合 { 1, 3, 6 } の部分集合をすべてあげなさい。

(1) 次の 2 つの集合の関係を⊂，⊃，＝を使って表しなさい。

① A=$\{1, 2, 7, 10\}$，B=$\{1, 2, 3, \cdots, 10\}$

② 10 以下の自然数全体の集合 C，10 の正の約数全体の集合 D

③ A=$\{3x-2 \mid x$ は 2 以下の自然数$\}$， B=$\{x^2 \mid x=1,\ 2\}$

④ C=$\{x \mid x^2+x-6=0\}$，D=$\{5x-3 \mid x=0,\ 1\}$

(2) A=$\{1, 3, 5, 7\}$とする。B=$\{3, 5, 7\}$，C=$\{1, 3, 5, 7\}$，D=$\{2, 3, 5, 7\}$，E=ϕ のうち，集合 A の部分集合であるものはどれか答えなさい。

(3) A=$\{3n-1 \mid -1 \leqq n \leqq 3,\ n$ は整数$\}$とする。B=$\{1\}$，C=$\{8, 11\}$，D=$\{2, 5, 8\}$，E=ϕ のうち，集合 A の部分集合であるものはどれか答えなさい。

(4) 次の集合の部分集合をすべてあげなさい。

① $\{1, 3\}$

② $\{x, y, z\}$

第2章 集合と論証

2-3 Check Point!  共通部分と和集合

★ 共通部分

集合 A，B の両方に入っている要素全体の集合を，A と B の　　　　といい，　　　　と表す。

例）A={ 1, 2, 3, 4 }，B={ 3, 4, 5, 6 }

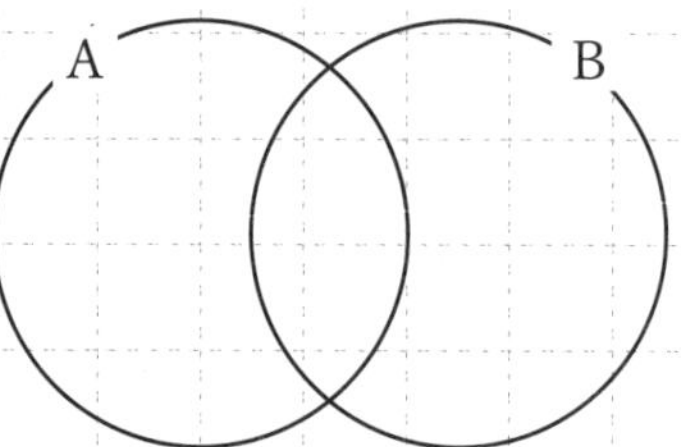

★ 和集合

集合 A，B の少なくとも一方に入っている要素全体の集合を A と B の　　　　といい，　　　　と表す。

例）A={ 1, 2, 3, 4 }，B={ 3, 4, 5, 6 }

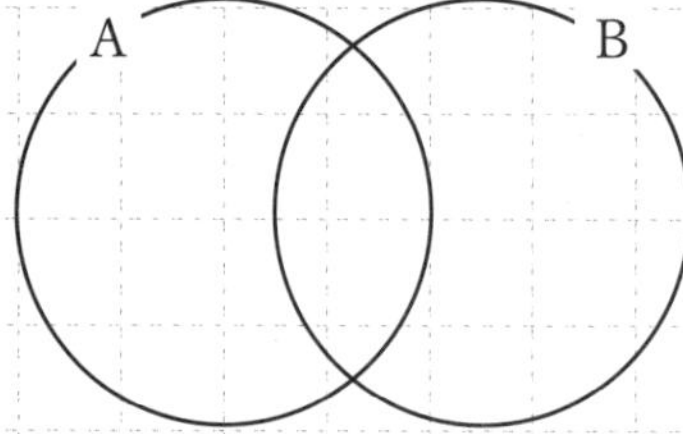

★ 集合を求めるときは，必ず図をかいて考える。

【Q】A={ 1, 2, 3, 5 }，B={ 2, 4, 5, 7, 9 }，C={ 7, 9 } について，次の集合を求めなさい。

(1) $A \cap B$

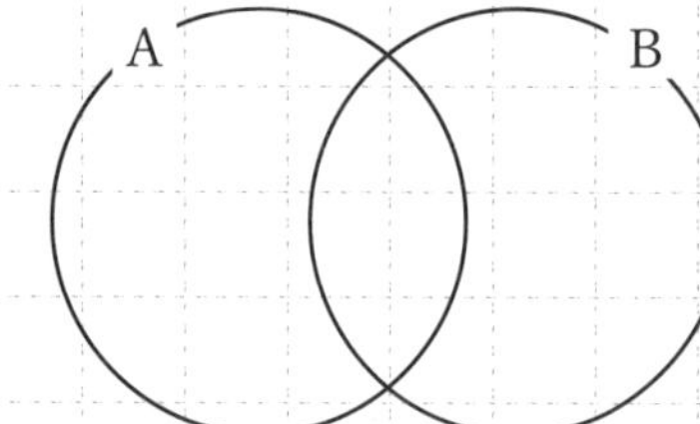

(2) $A \cup B$

(3) $A \cap C$

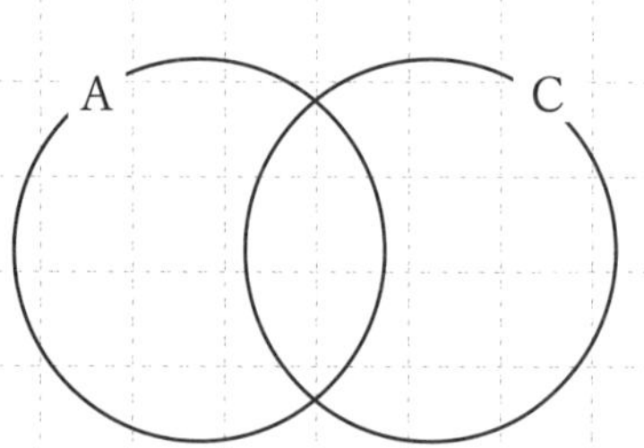

Try Out! 

(1) $A=\{ 2n \mid 1 < n < 7,\ n$ は整数 $\}$，$B=\{ 3n \mid 1 \leqq n \leqq 4,\ n$ は整数 $\}$ について，次の集合を求めなさい。

① $A \cap B$

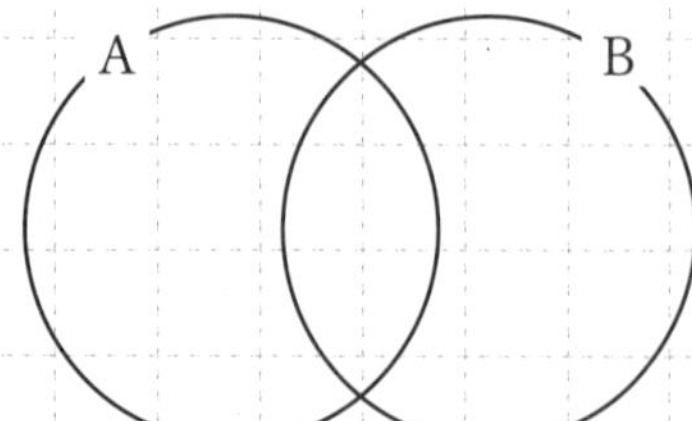

② $A \cup B$

2-4 Check Point! 3つの集合

★ 3つの集合A，B，Cについて，集合A，B，Cのどれにも属する要素全体の集合を，

A，B，Cの　　　　　　　といい，　　　　　　　と表す。

例）A={ 1, 2, 3, 4 }，B={ 2, 3, 5, 6 }，C={ 3, 4, 6, 7 }

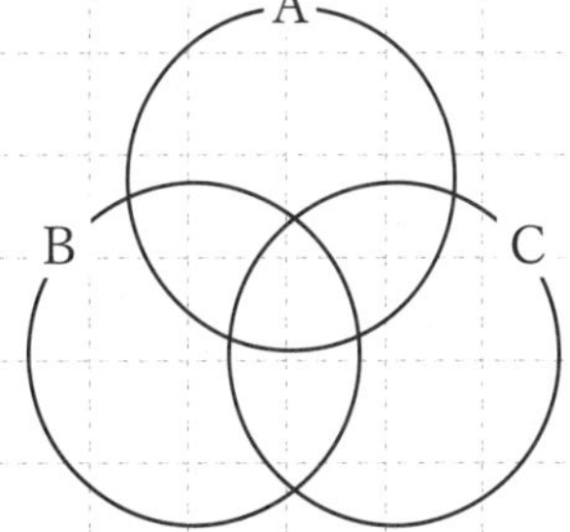

★ 3つの集合A，B，Cの少なくとも1つに属する要素全体の集合を，

A，B，Cの　　　　　　　といい，　　　　　　　と表す。

例）A={ 1, 2, 3, 4 }，B={ 2, 3, 5, 6 }，C={ 3, 4, 6, 7 }

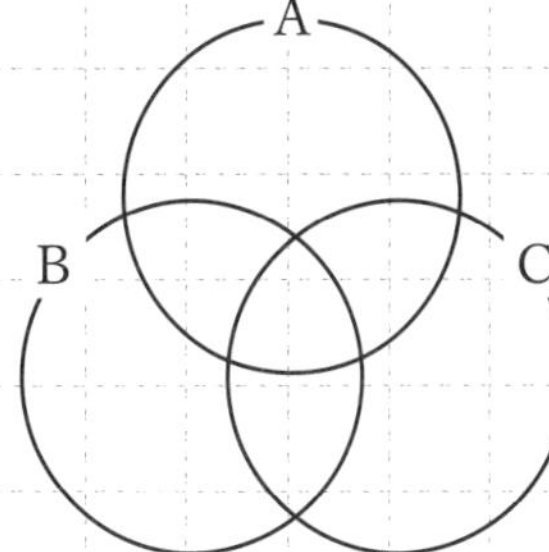

★ 集合を求めるときは，必ず図をかいて考える。

【Q】A={ 1, 2, 3, 4, 7, 8 }，B={ 3, 4, 5, 6, 8 }，C={ 1, 4, 6, 8, 9 }について，次の集合を求めなさい。

(1) $A \cap B \cap C$

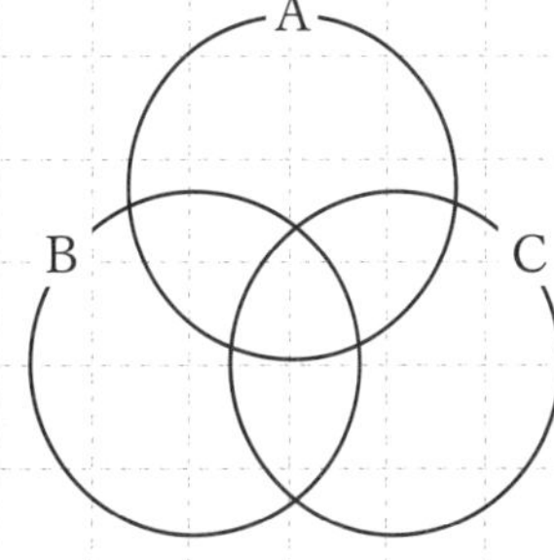

(2) $A \cup B \cup C$

Try Out!

2-4　3つの集合

(1) A={ 1, 2, 3, 4, 5, 6 }，B={ 2, 3, 4, 7, 8 }，C={ 3, 4, 5, 7, 9 }について，次の集合を求めなさい。

① $A \cap B \cap C$

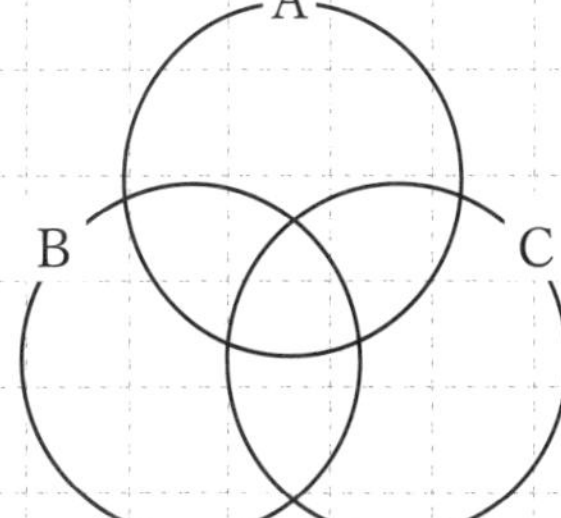

② $A \cup B \cup C$

2-5 Check Point! 補集合

★ 全体集合

集合を考えるときは，あらかじめ１つの集合Ｕを定め，その部分集合について考えることがある。

このとき，Ｕを　　　　　　という。例)

★ 補集合

全体集合をＵ，その部分集合をＡとするとき，Ａに属さないＵの要素全体の集合を，

Ａの　　　　　　といい，　　　　と表す。

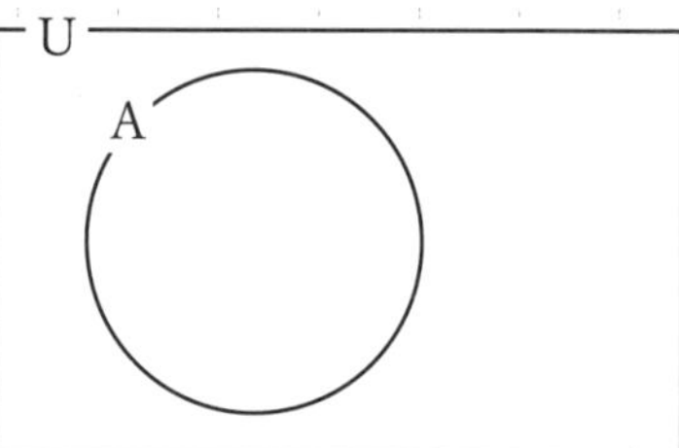

例）U={ 1, 2, 3, 4, 5, 6 }，A={ 1, 2, 3 }

★ ド・モルガンの法則

$\overline{A} \cap \overline{B}$ =

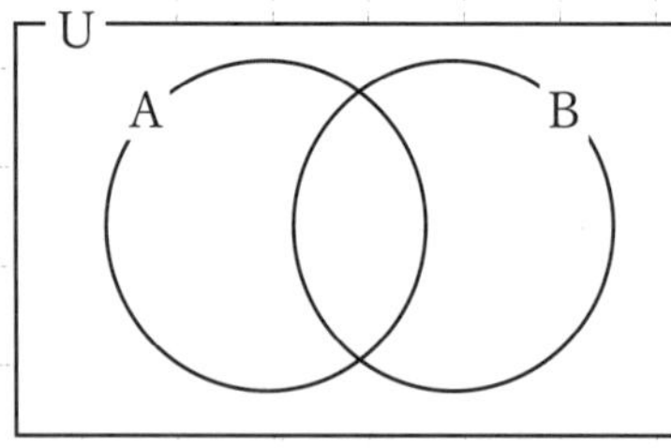

$\overline{A} \cup \overline{B}$ =

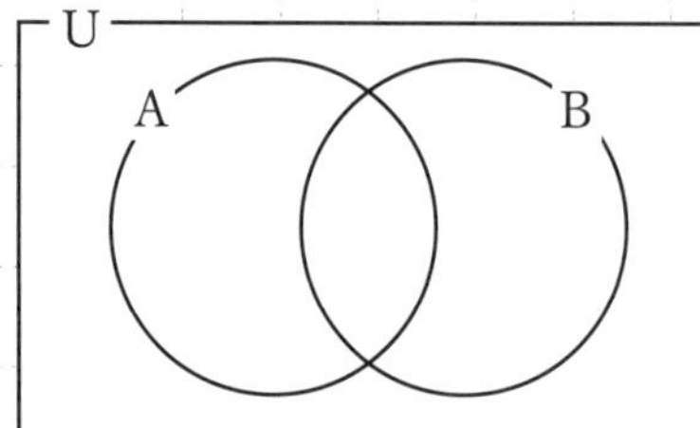

例）U={ 1, 2, 3, 4, 5, 6 }，A={ 1, 2, 3 } B={ 3, 4 }

★ 集合を求めるときは，必ず図をかいて考える。

【Q】U={ 1, 2, 3, 4, 5, 6, 7 } を全体集合とする。

Ｕの部分集合 A={ 1, 2, 3, 4 }，B={ 3, 4, 7 } について次の集合を求めなさい。

(1) $\overline{A}$　　(2) $\overline{B}$

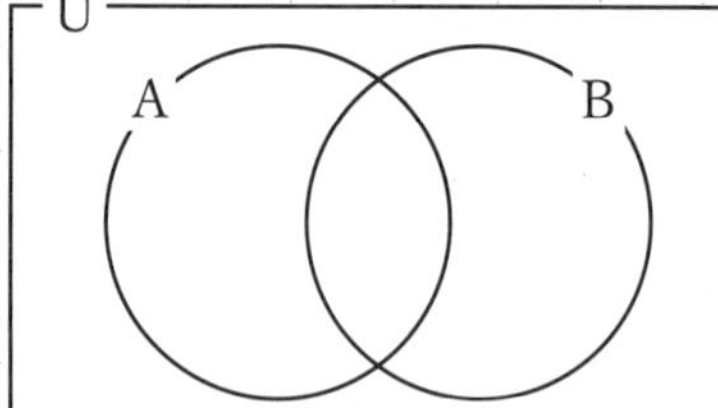

(3) $A \cup \overline{B}$　　(4) $\overline{A} \cup \overline{B}$

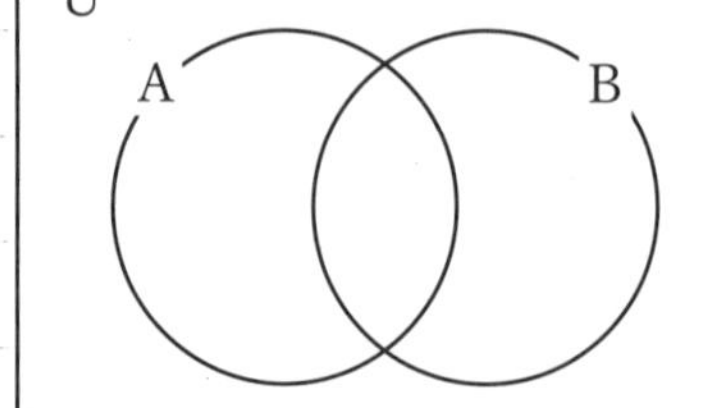

(5) $\overline{A \cup B}$　　(6) $\overline{A \cup \overline{B}}$

第2章　集合と論証

2-5 補集合

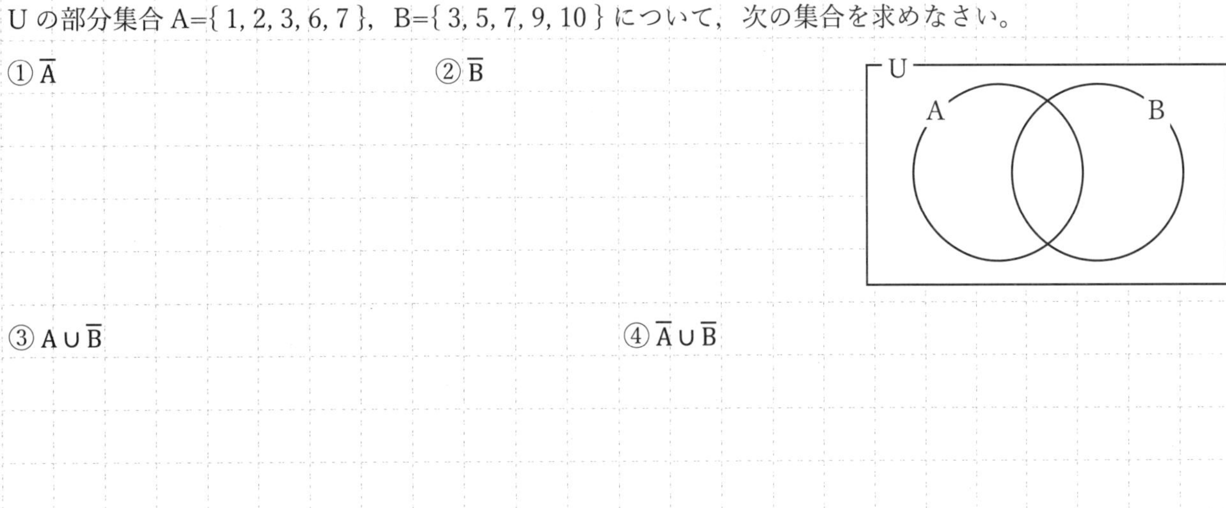

(1) U=$\{x \mid 1 \leqq x \leqq 10,\ x$ は整数$\}$を全体集合とする。

U の部分集合 A=$\{1, 2, 3, 6, 7\}$，B=$\{3, 5, 7, 9, 10\}$について，次の集合を求めなさい。

① $\overline{A}$　　② $\overline{B}$

③ $A \cup \overline{B}$　　④ $\overline{A} \cup \overline{B}$

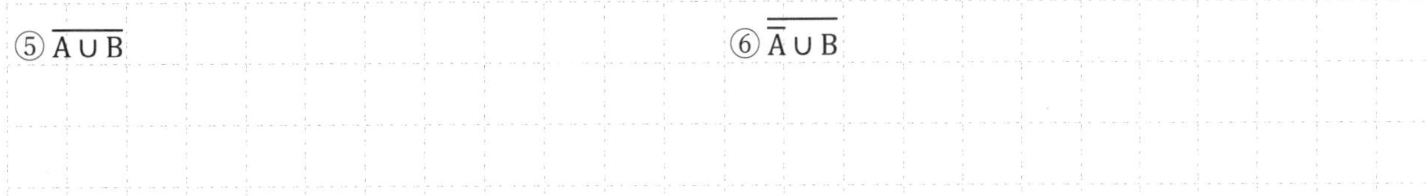

⑤ $\overline{A \cup B}$　　⑥ $\overline{\overline{A} \cup B}$

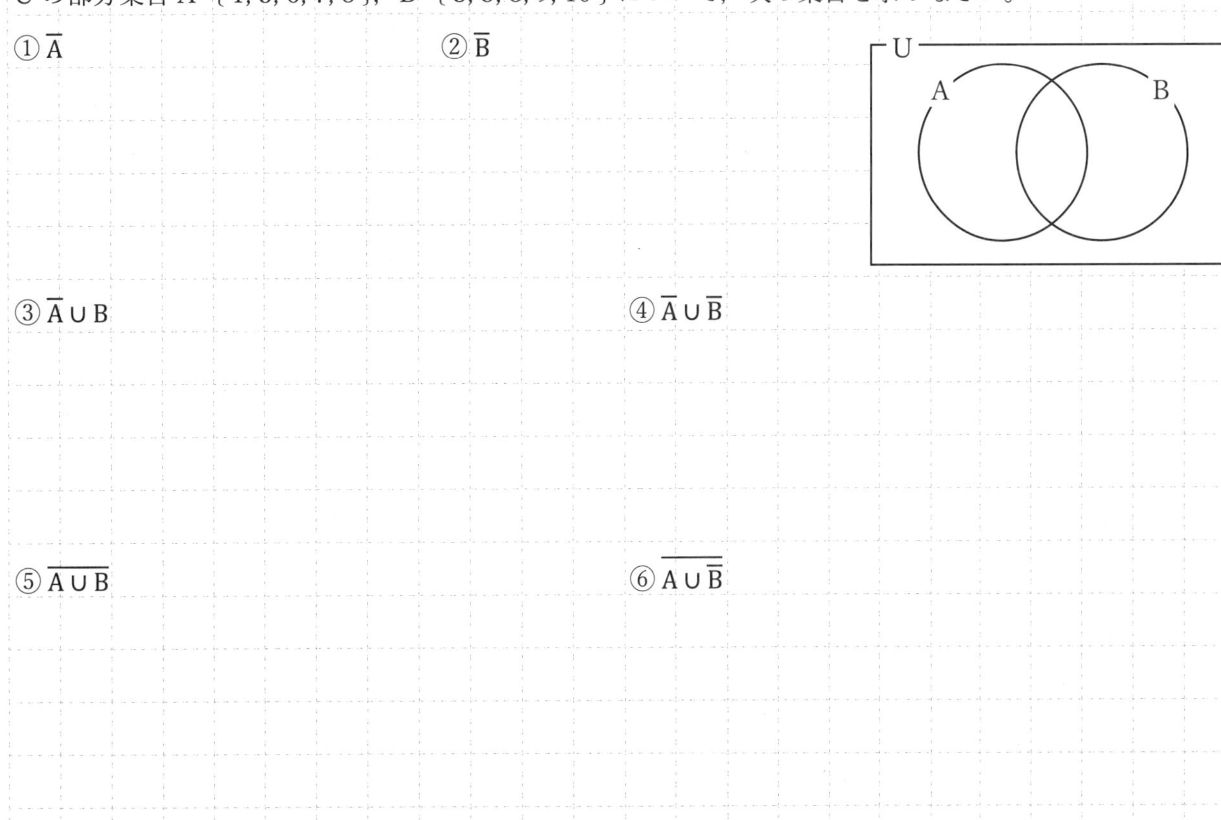

(2) U=$\{x \mid 1 \leqq x \leqq 10,\ x$ は整数$\}$を全体集合とする。

U の部分集合 A=$\{1, 3, 6, 7, 8\}$，B=$\{3, 5, 8, 9, 10\}$について，次の集合を求めなさい。

① $\overline{A}$　　② $\overline{B}$

③ $\overline{A} \cup B$　　④ $\overline{A} \cup \overline{B}$

⑤ $\overline{A \cup B}$　　⑥ $\overline{A \cup \overline{B}}$

第2章　集合と論証

2-6 Check Point! いろいろな集合問題 ☆

★ 各要素がわかっているときの集合

図のどの部分かを調べて，図に書き込む。

例）U={ x | $1 \leqq x \leqq 10$，x は整数 } を全体集合とする。

$A \cap B = \{2,\ 6\}$，$\overline{A} \cap B = \{1,\ 3,\ 8\}$，$\overline{A} \cap \overline{B} = \{4,\ 7\}$

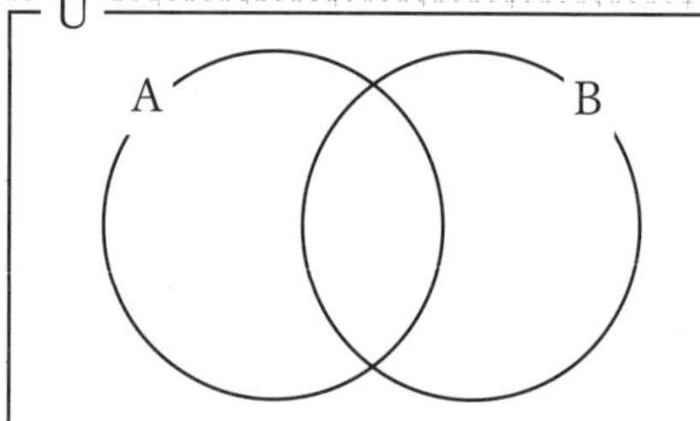

【Q】U = { x | $1 \leqq x \leqq 10$，x は整数 } を全体集合とする。U の部分集合 A，B について，

$A \cap B = \{3,\ 8\}$，$\overline{A} \cap B = \{5,\ 6,\ 7\}$，$\overline{A} \cap \overline{B} = \{1,\ 4\}$ であるとき，次の集合を求めなさい。

(1) $A \cap \overline{B}$

(2) A

(3) $A \cup B$

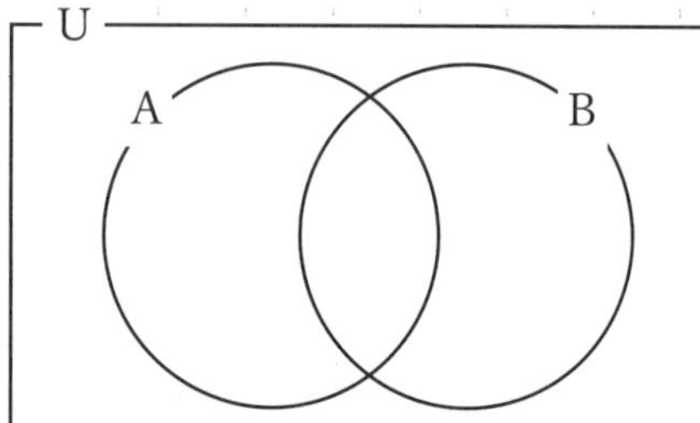

★ 集合の要素の決定

条件から，数をしぼっていく。

例）$A = \{1,\ 3,\ 3a-2\}$，$B = \{4,\ a+4,\ a^2-2a+1\}$，$A \cap B = \{1,\ 4\}$

【Q】整数を要素とする 2 つの集合を，$A = \{4,\ a+1,\ a+b,\ 7\}$，$B = \{3,\ 5,\ a^2\}$ とする。

(1) $A \cap B = \{4,\ 5\}$ となるような定数 a，b の値を求めよ。

(2) $A \cup B$ の集合を求めよ。

2-6 いろいろな集合問題 ☆

(1) $U=\{x \mid 1 \leqq x \leqq 10,\ x$ は整数$\}$ を全体集合とする。U の部分集合 A，B について，

$A \cap B=\{3,\ 8\}$，$\overline{A} \cap B=\{5,\ 6,\ 9\}$，$\overline{A} \cap \overline{B}=\{1,\ 4,\ 10\}$ であるとき，次の集合を求めなさい。

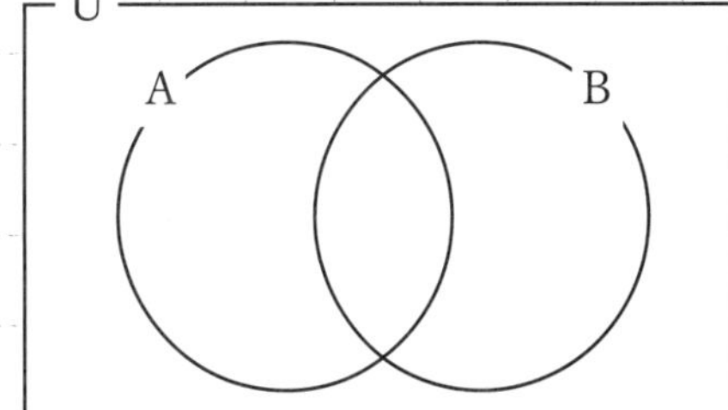

① $A \cap \overline{B}$

② A

③ $A \cup \overline{B}$

(2) 整数を要素とする 2 つの集合を，$A=\{2,\ 6,\ a^2\}$，$B=\{9,\ 2a,\ 2a+b\}$ とするとき，

$A \cap B=\{2,\ 9\}$ となるような定数 a，b の値を求めよ。

(3) 全体集合 $U=\{x \mid 1 \leqq x \leqq 12,\ x$ は整数$\}$の部分集合 A，B，C について，

$A=\{x \mid x$ は 3 の倍数$\}$，$B=\{x \mid x$ は 4 の倍数$\}$，$C=\{x \mid x$ は 12 の約数$\}$

であるとき，次の集合を求めなさい。

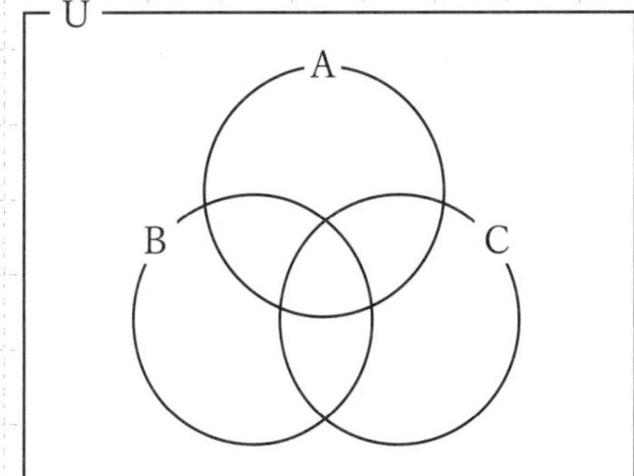

① $(A \cup B) \cap C$

② $(\overline{A} \cap \overline{B}) \cup C$

③ $A \cap \overline{B} \cap C$

④ $(A \cap C) \cup (B \cap C)$

第2章 集合と論証

2-7 Check Point! 命題と集合

★ 命題と真偽

文や式で表された事柄で，正しいか正しくないかが定まるものを　　　という。

命題が正しいとき，「　　である」といい，正しくないとき，「　　である」という。

例）「2は奇数である」

★ 条件

x を含んだ文や式を，x に関する　　　という。

★ 仮定と結論

条件 p，q を使って，命題「p ならば q である」を「　　　　」と表す。

このときの p を　　　，q を　　　という。

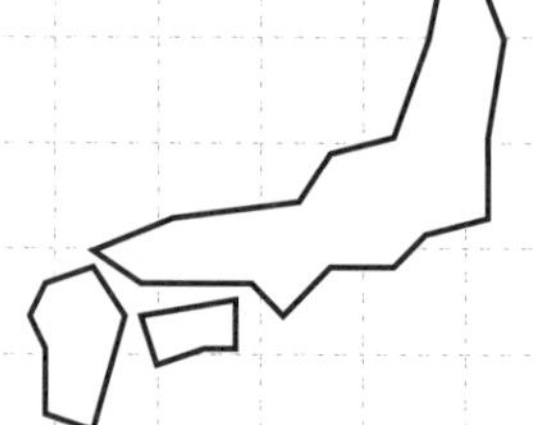

★ 命題「$p \Longrightarrow q$」の条件 p，q について，

条件 p を満たすものの集合をP，条件 q を満たすものの集合をQとする。

命題「$p \Longrightarrow q$」が真ならば，

例）$x = 2 \Longrightarrow x$ は偶数

★ 反例

命題が偽であることを示す例を　　　という。

例）「4の約数ならば6の約数である」

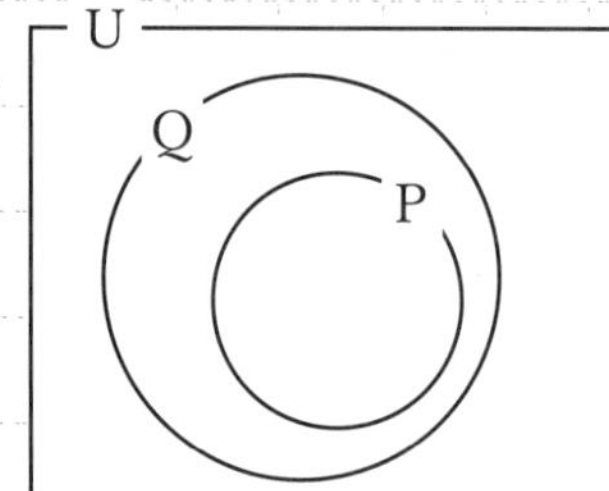

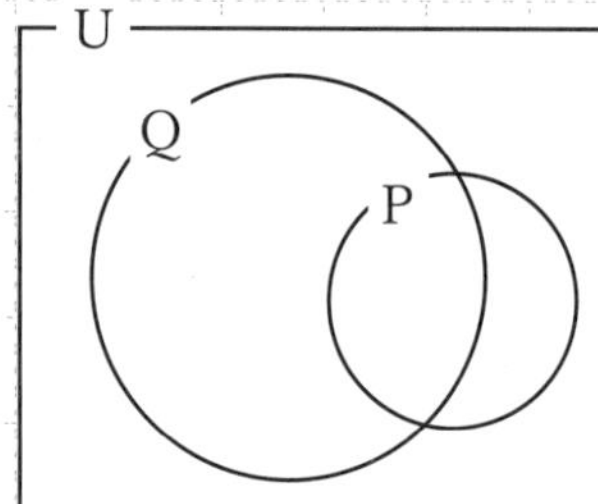

【Q】次の問いに答えなさい。

(1) 次の命題の真偽をいいなさい。また，偽であるものは，反例をあげなさい。

① $ac = bc$ ならば $a = b$

② n が素数ならば n は奇数である。

(2) 集合を用いて，次の命題の真偽をいいなさい。また，偽であるものは，反例をあげなさい。

① $x^2 = 2x \Longrightarrow x = 2$

② $3 \leqq x \leqq 5 \Longrightarrow 2 \leqq x < 6$

③ 自然数 n について，

n は4の倍数 $\Longrightarrow$ n は偶数

④ 自然数 n について，

n は偶数 $\Longrightarrow$ n は4の倍数

Try Out!

(1) 次の命題の真偽をいいなさい。また，偽であるものは，反例をあげなさい。

① 奇数は素数である

② $x = \sqrt{5}$ ならば $x^2 = 5$

③ $(x - y)(y - z) = 0$ ならば $x = y = z$

④ $|a| < |b|$ ならば $a < b$

⑤ $a < b$ ならば $|a| < |b|$

⑥ $a + b > 0$ ならば $a > 0$ または $b > 0$

(2) 次の命題の真偽をいいなさい。また，偽であるものは，反例をあげなさい。

① $x^2 - 3x + 2 = 0 \Longrightarrow x = 1$

② $-1 < x < 3 \Longrightarrow -2 < x < 4$

③ 自然数 n について，
n は 6 の倍数 $\Longrightarrow$ n は 3 の倍数

④ 自然数 n について，
n は 24 の約数 $\Longrightarrow$ n は 12 の約数

⑤ $|x| \leqq 3 \Longrightarrow |x - 1| < 4$

⑥ $a^2 + b^2 = 0 \Longrightarrow a = b = 0$

⑦ $\dfrac{1}{a} < b \Longrightarrow \dfrac{1}{b} < a$

⑧ ab が有理数 $\Longrightarrow$ a, b ともに有理数

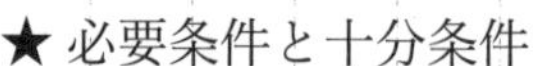

2-8 Check Point! 必要条件と十分条件

★ 必要条件と十分条件

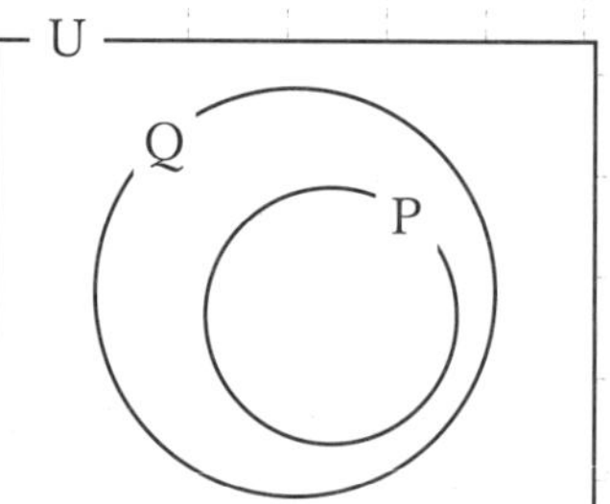

2つの条件 p, q について，命題 $p \Longrightarrow q$ が真のとき，

p は q であるための　　　　　　　，

q は p であるための　　　　　　　であるという。

例）$x = 0 \Longrightarrow x(x-2) = 0$

★ p は q であるための 〜 条件

命題 $p \Longrightarrow q$ と命題 $q \Longrightarrow p$ の真偽を考える。

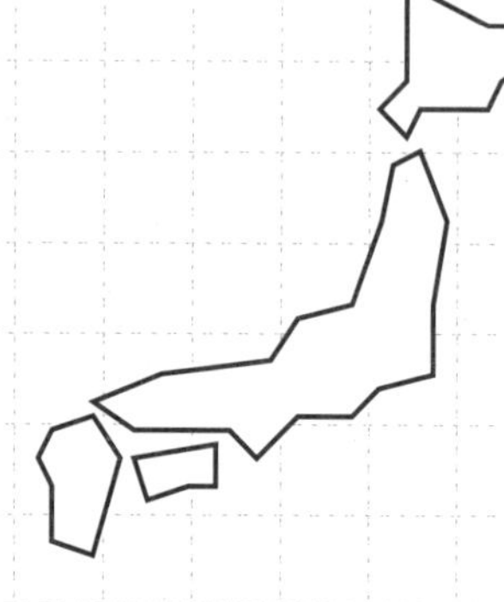

・$p \rightleftarrows q$　　　・$p \rightleftarrows q$　　　・$p \rightleftarrows q$

例）$x = \sqrt{2} \rightleftarrows x^2 = 2$　　$x^2 = 2 \rightleftarrows x = \sqrt{2}$

★「$p \Longrightarrow q$」,「$q \Longrightarrow p$」がともに真であるとき，「　　　　　」と表す。

【Q】次の ＿＿＿ に，必要，十分，必要十分のうち，もっとも適するものを入れなさい。

いずれでもない場合は×印を入れなさい。

(1) $x = 3$ は，$x^2 = 9$ であるための ＿＿＿＿ 条件である。

(2) $xy < 0$ は，「$x > 0$ かつ $y < 0$」であるための ＿＿＿＿ 条件である。

(3)「$xy = 0$ かつ $x + y = 0$」は，$x = y = 0$ であるための ＿＿＿＿ 条件である。

(4) $x^2 = y^2$ は，$x < y$ であるための ＿＿＿＿ 条件である。

(5) $|x - y| + |y - z| = 0$ は，$x = y = z$ であるための ＿＿＿＿ 条件である。

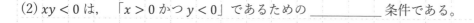

次の ______ に，必要，十分，必要十分のうち，もっとも適するものを入れなさい。
いずれでもない場合は×印を入れなさい。

(1) $(x-1)(y-1)=0$ は，「$x=1$ または $y=1$」であるための ______ 条件である。

(2) $(a-b)(b-c)=0$ は，$a=b=c$ であるための ______ 条件である。

(3) $a<b$ は，$a^2<b^2$ であるための ______ 条件である。

(4)「$x=2$ かつ $y=2$」は，$x=y$ であるための ______ 条件である。

(5)「$a+b>0$ かつ $ab>0$」は，「$a>0$ かつ $b>0$」であるための ______ 条件である。

(6) 長方形であることは，ひし形であるための ______ 条件である。

(7) △ABC の3辺 BC, CA, AB の長さをそれぞれ a, b, c とする。
$(a-b)(a^2+b^2-c^2)=0$ は，△ABC は直角二等辺三角形であるための ______ 条件である。

(8)「$|a|<1$ かつ $|b|<1$」は，$a^2+b^2<1$ であるための ______ 条件である。

2-9 Check Point!  条件の否定

★ 条件 p に対して，条件「p でない」を，p の　　　といい，　　で表す。

例）p：「n は 3 の倍数」　$\overline{p}$：

p：「$x=3$」　$\overline{p}$：

p：「a，b の少なくとも一方は 偶数」　$\overline{p}$：

★ ド・モルガンの法則

「p かつ q」の否定：

「p または q」の否定：

例）p：「$x=1$ または $y=5$」　$\overline{p}$：

p：「$x<-2$ かつ $y \geqq 4$」　$\overline{p}$：

p：「$1 \leqq x < 5$」　$\overline{p}$：

★「すべて」と「ある」を含む命題の否定

命題「すべての x について p」の否定は「　　　　　　　　　　」

命題「ある x について p」の否定は「　　　　　　　　　　」

例）すべての実数 x について $x^2>0$

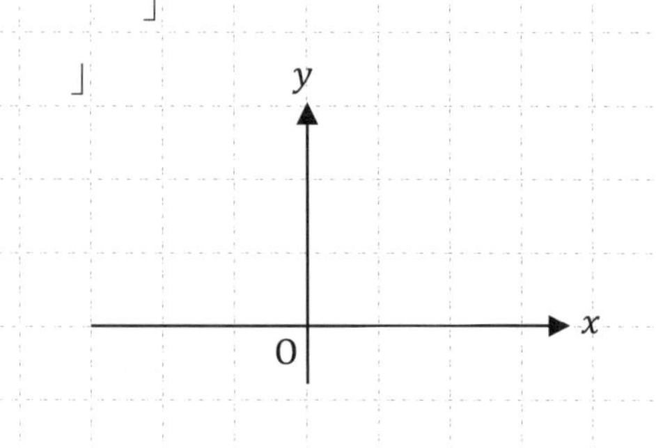

【Q】次の条件または命題の否定を述べなさい。

(1) a，b はともに有理数

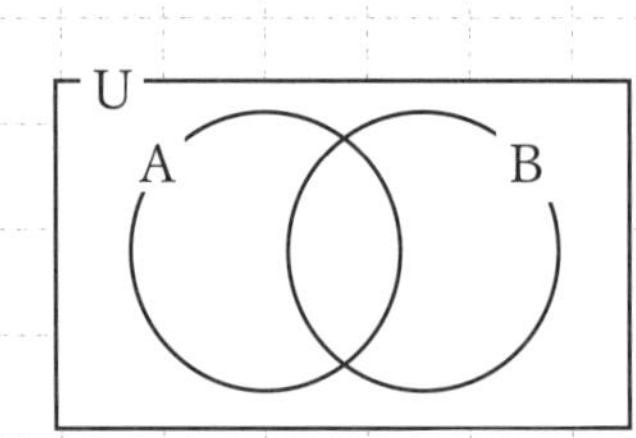

(2) $x \leqq 1$ または $y>2$

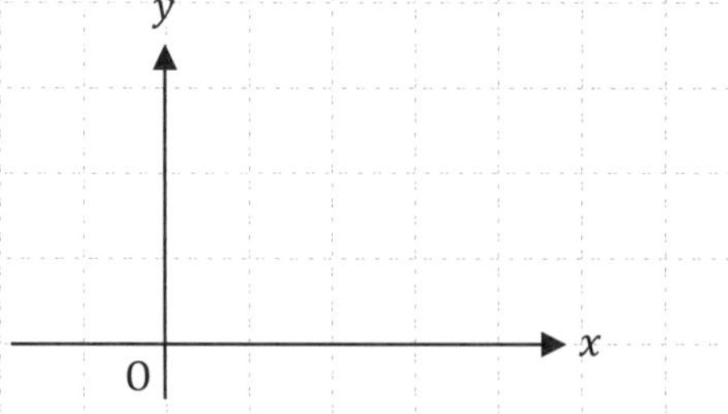

(3) $-1<x \leqq 2$

x

(4) ある実数 x, y について，$x^2+y^2<0$

第2章 集合と論証

2-9 条件の否定

(1) 次の条件の否定を述べなさい。

① $x < -3$

② a，b の少なくとも一方は有理数

③ n は奇数かつ 5 の倍数

④ $x = 3$ かつ $y \neq 4$

⑤ $x < 1$ または $y \geqq -2$

⑥ $-4 < x \leqq -1$

⑦ $ab > 0$ かつ $a + b \geqq 1$

⑧ ある実数 x について，$(x-2)^2 \geqq 0$

(2) 2 つの条件 $p : -3 \leqq x \leqq 3$，$q : -2 < x \leqq 5$ について，次の問いに答えよ。

① $\overline{p}$ または q の範囲を答えよ。

② $\overline{p \text{ かつ } q}$ の範囲を答えよ。

(3) 次の命題の否定を述べなさい。また，もとの命題と否定の真偽を答えなさい。

① すべての実数 x について，$(x-3)^2 > 0$

② ある実数x, y について，$x^2 + y^2 \geqq 0$

2-10 Check Point!  逆・裏・対偶

★ 逆・裏・対偶

命題「$p \Longrightarrow q$」に対して，

命題「$q \Longrightarrow p$」を

命題「$\overline{p} \Longrightarrow \overline{q}$」を

命題「$\overline{q} \Longrightarrow \overline{p}$」を

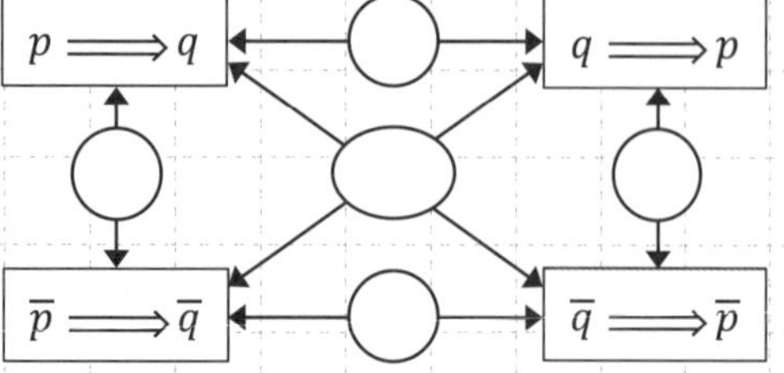

★ 命題の真偽とその　　　の真偽は　　　する。

　　　も互いに対偶の関係にあるので，その真偽は　　　する。

例）$2 < x \Longrightarrow 1 < x$

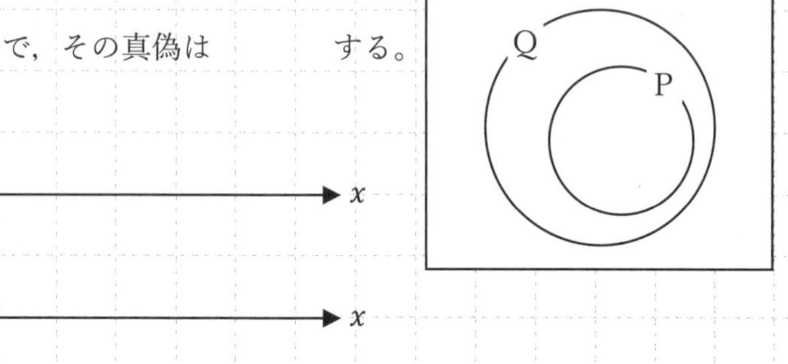

【Q】次の命題の真偽を答えよ。また，その逆，裏，対偶とその真偽を述べ，偽のときは反例をあげよ。

(1) $x > 4$ かつ $y > 5 \Longrightarrow x + y > 9$　　(2) 自然数 $a,\ b$ で，ab は偶数 $\Longrightarrow a,\ b$はともに偶数

Try Out!

2-10　逆・裏・対偶

(1) 次の命題の真偽を答えよ。また，その逆，裏，対偶とその真偽を述べ，偽のときは反例をあげよ。

① $x = 3 \Longrightarrow x^2 = 9$　　② 自然数 $a,\ b$ で，ab は奇数 $\Longrightarrow$ $a,\ b$ の少なくとも一方は奇数

2-11 Check Point!  対偶を利用した証明

★ 対偶を利用した証明

ある命題「$p \Longrightarrow q$」を証明するとき，その対偶「　　　　　　」を利用して証明してもよい。

例）整数 n の平方が偶数ならば，n は偶数であることを証明しなさい。

【Q】次の命題を証明しなさい。

(1) x, y は実数とする。$x+y>6 \Longrightarrow x>3$ または $y>3$

(2) n を整数とする。n^3 が 3 の倍数ならば，n は 3 の倍数である。

(1) 整数 n について，n^2+1 が奇数ならば，n は偶数であることを証明しなさい。

(2) 正の数 $a,\ b$ について，$a^2+b^2>32$ ならば，$a,\ b$ の少なくとも 1 つは 4 より大きいことを証明せよ。

(3) 整数 $x,\ y$ について，xy が 2 の倍数ならば，$x,\ y$ の少なくとも 1 つは 2 の倍数であることを証明せよ。

(4) n は整数とする。n^2 が 5 の倍数ならば，n は 5 の倍数であることを証明しなさい。

2-12 Check Point!  背理法を利用した証明

★ 背理法

ある命題を証明するとき,「その命題が成り立たないと　　　　すると,　　　　が生じる。したがって,その命題は成り立たなければならない。」という証明方法がある。これを　　　　という。

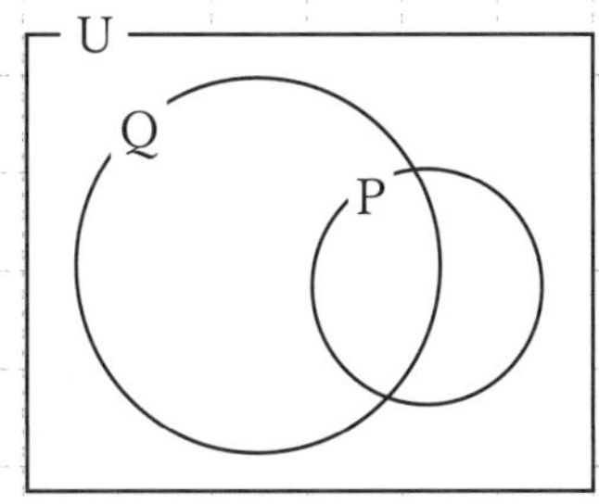

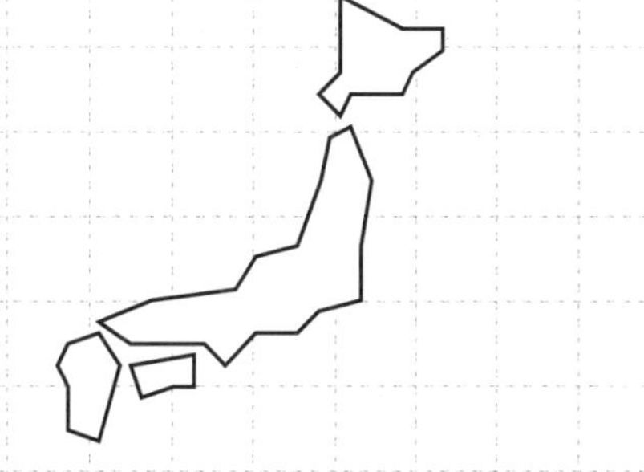

★ 背理法の手順

① 命題が成り立たないと　　　　する。

② ①の仮定のもとで,　　　　を導く。

③ 矛盾が生じたのは,①の　　　　が
まちがっていたからなので,
もとの命題は成り立つ。

例）$1+\sqrt{2}$ は無理数である。($\sqrt{2}$は無理数を用いてよい)

【Q】次の命題を証明しなさい。

(1) $\sqrt{10}$ が無理数であることを用いて,$\sqrt{6}+\sqrt{15}$ は無理数であることを証明しなさい。

(2) 自然数 a, b, c について $a^2+b^2=c^2$ が成り立つとき a, b, c のうち少なくとも 1 つは偶数である。☆

(1) $\sqrt{5}$ が無理数であることを用いて，$\sqrt{2}+\sqrt{10}$ は無理数であることを証明しなさい。

(2) a, b は有理数とする。

① $\sqrt{2}$ が無理数であることを用いて，$a+b\sqrt{2}=0 \Longrightarrow a=b=0$ を証明せよ。

② $a+b\sqrt{2}=-1+3\sqrt{2}$ を満たす有理数 a, b を求めよ。

(3) 3 つの正の整数 a, b, c について $a^2+b^2=c^2$ が成り立つとき，

a, b, c のうち少なくとも 1 つは 2 の倍数であることを証明しなさい。☆

2-13 Check Point!  背理法を利用した証明・その2 ☆

★「$\sqrt{a}$ が無理数である」ことを証明するときの手順

① が有理数であると仮定する

② 既約分数 を用いて, と表す。既約分数：

③ 推論をし, が既約分数とはなりえないことを示す。

【Q】$\sqrt{2}$ は無理数であることを証明しなさい。

ただし，n を自然数とするとき，n^2 が 2 の倍数ならば n は 2 の倍数であることを用いてよい。

Try Out!

2-13 背理法を利用した証明・その2 ☆

(1) $\sqrt{5}$ は無理数であることを証明しなさい。

ただし，n を自然数とするとき，n^2 が 5 の倍数ならば n は 5 の倍数であることを用いてよい。

High School
Mathematics Ⅰ

第3章

2次関数

3-1 Check Point! 関数$f(x)$と変域

★ $y = f(x)$

yがxの関数であることを，$y =$ 　　　や$y =$ 　　　または 　　　　　などで表す。

★ 関数$y = f(x)$において，$x = a$のときのyの値を 　　　で表す。

例）関数$f(x) = 2x^2 + x$において，$f(2)$の値

【Q】関数$f(x) = x^2 - 4x - 1$について，次の値を求めよ。

① $f(3)$ 　　② $f(-2)$ 　　③ $f(a-1)$

★ 定義域と値域

xの変域を 　　　といい，yの変域を 　　　という。

例）水槽の水の水位

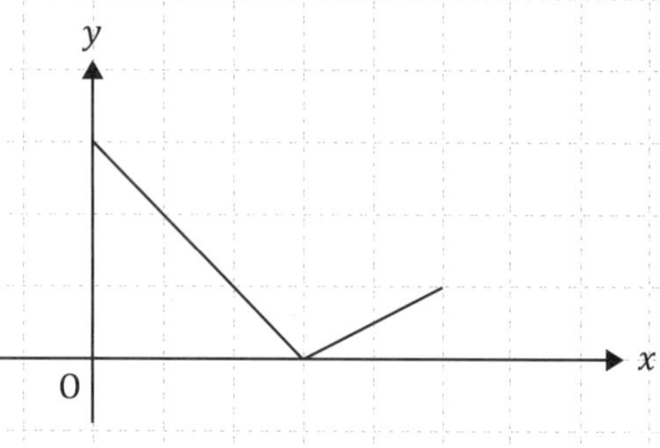

★ 次の場合は，関数に最大値または最小値がないとする。

・yが限りなく 　　　または 　　　値をとるとき

例）値域が$y \geqq 4$のとき， 　　　はない。値域が$y \leqq 8$のとき 　　　はない。

・値域が不等式 　　， 　　を使って表されるとき

例）値域が$-3 < y \leqq 7$のとき， 　　　はない。値域が$-5 \leqq y < 3$のとき， 　　　はない。

【Q】$y = -\frac{1}{2}x + 2$ $(-2 < x \leqq 3)$のときの値域とyの最大値，最小値を求めよ。

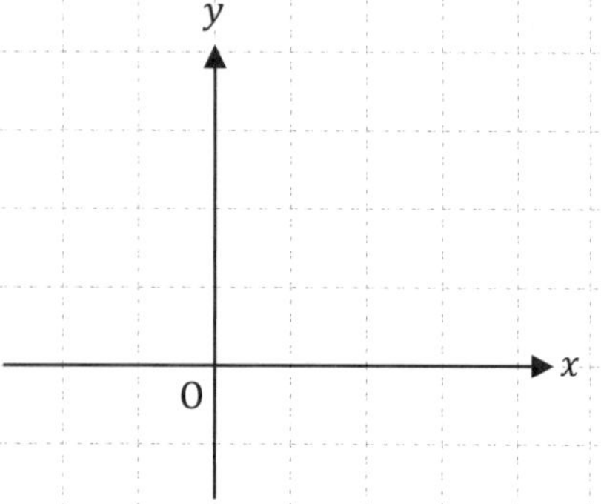

第3章 2次関数

(1) 関数$f(x)=-x^2+2x-3$について，次の値を求めよ。

① $f(0)$　　② $f(3)$　　③ $f(-2)$

④ $f(a)$　　⑤ $f(a+1)$

(2) $y=-x+4$ $(-2 \leqq x < 3)$ のときの値域と yの最大値，最小値を求めよ。

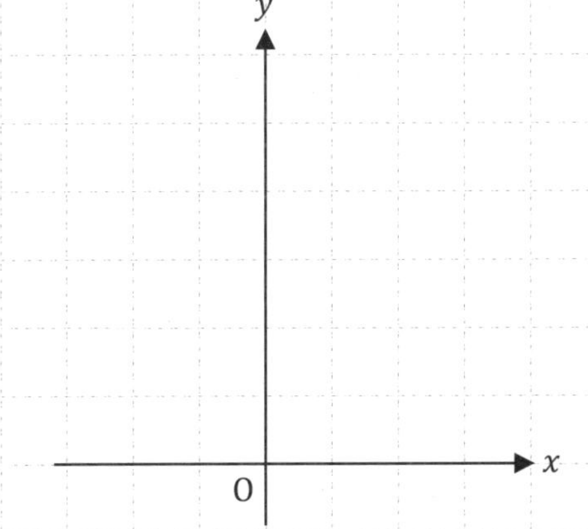

(3) 関数$y=ax-a+2$ $(0 \leqq x \leqq 2)$ の値域が $1 \leqq y \leqq b$ であるとき，定数a, bの値を求めよ。☆

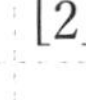

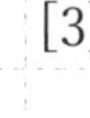

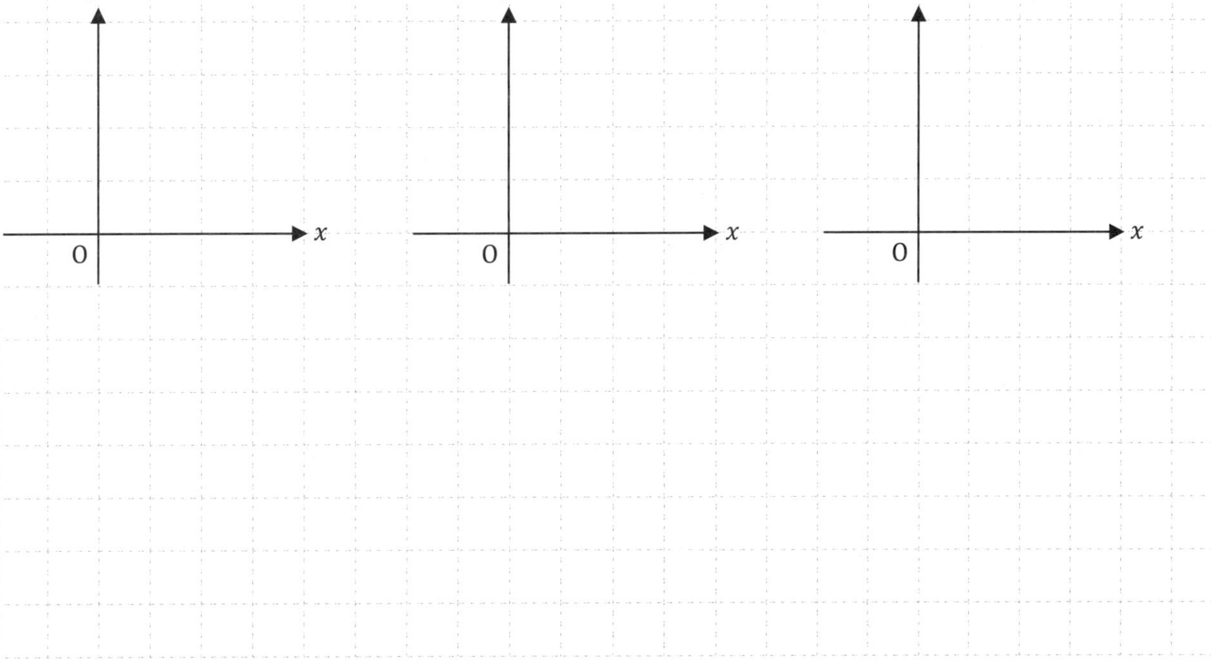

3-2 Check Point! 2次関数 $y = a(x-p)^2+q$ のグラフ

★ $y = ax^2$ のグラフ

放物線で，頂点は　　　　，軸は

・$a > 0$ のとき，放物線は

・$a < 0$ のとき，放物線は

★ $y = a(x-p)^2+q$ のグラフ

$y = ax^2$ のグラフを，

x軸方向に　　，y軸方向に　　だけ平行移動した放物線

頂点は　　　　，軸は

$y = a(x-p)^2+q$　　　　例）$y = \frac{1}{2}(x-1)^2+2$

★ グラフのかき方

① 　　　　　　をかき，原点　　をかく。　　例）$y = -\frac{1}{2}x^2-1$

② 放物線の　　　　をとる。

③ $x = 0$ を代入し，放物線と　　　　との交点をとる。

ただし，頂点が y 軸上にある場合は，

頂点の　　　　に 1 点ずつ通る点をとる。

④ ②と③の点を曲線で結び，軸について　　　　になるようにかく。

【Q】次の 2 次関数の頂点と軸を求めなさい。また，そのグラフをかきなさい。

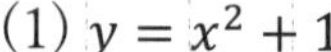

(1) $y = x^2+1$　　(2) $y = (x-2)^2$　　(3) $y = (x-2)^2+1$

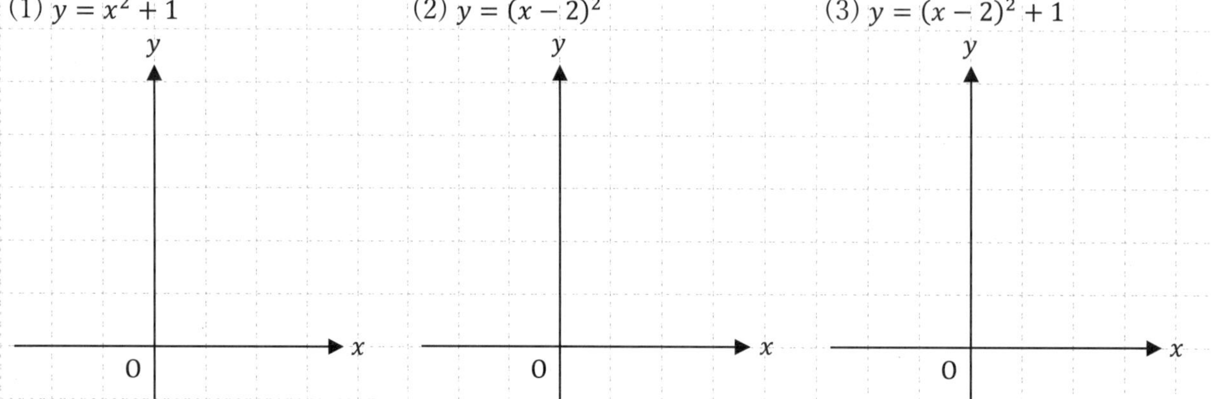

3-2　2次関数 $y=a(x-p)^2+q$ のグラフ

(1) 次の2次関数の頂点と軸を求めなさい。

① $y=\frac{1}{2}x^2+3$　　② $y=-3(x-2)^2$　　③ $y=2(x+3)^2-5$

(2) 次の2次関数の頂点と軸を求めなさい。また，そのグラフをかきなさい。

① $y=-2x^2$

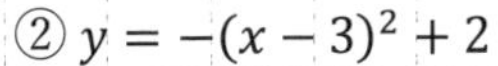

② $y=-(x-3)^2+2$

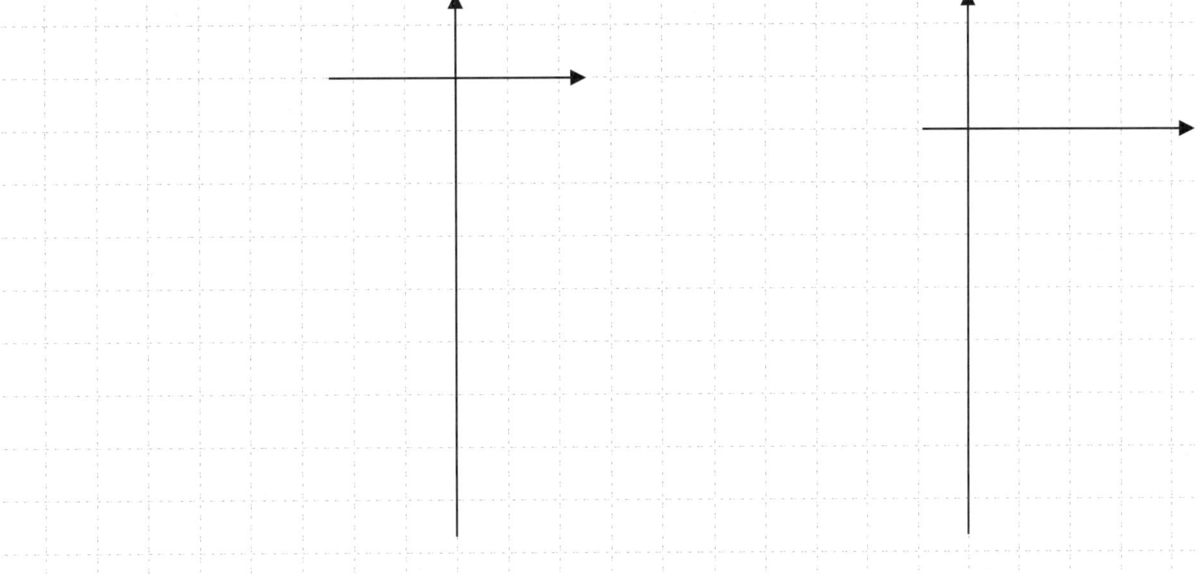

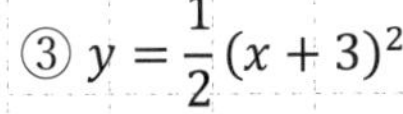

③ $y=\frac{1}{2}(x+3)^2$

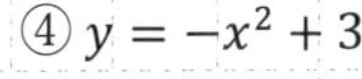

④ $y=-x^2+3$

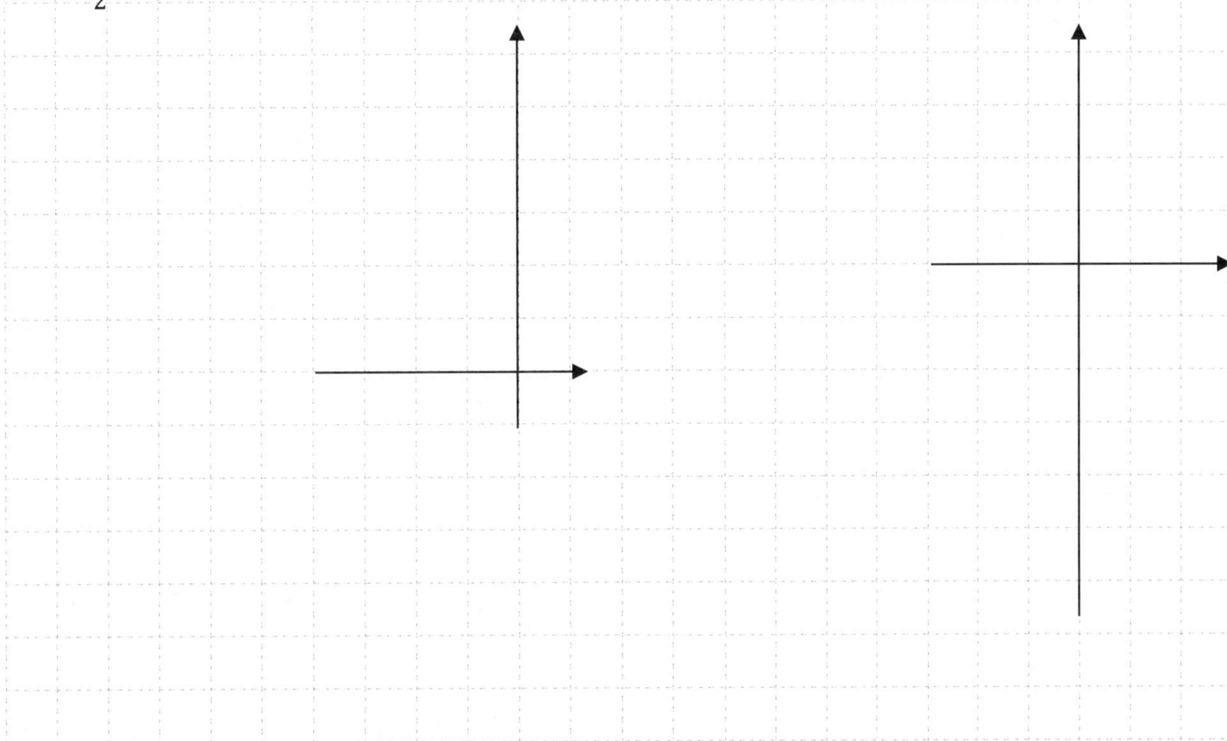

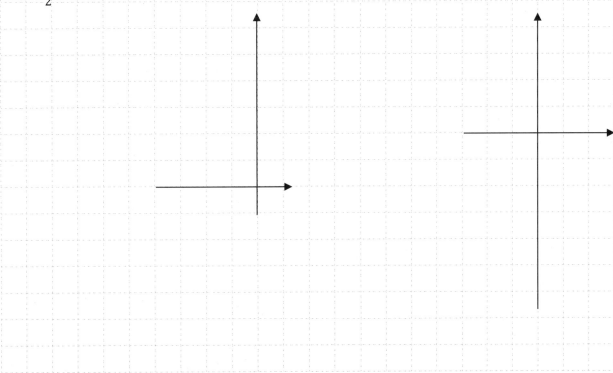

3-3 Check Point! $y = ax^2 + bx + c$ と平方完成

★ $y = ax^2 + bx + c$ のグラフ

$y = ax^2 + bx + c$ の頂点や軸，グラフの概形を求めるときは，　　　　　　　　　　の形に変形する。

この変形を，　　　　　　　　　という。

例）$y = x^2 + 6x + 10$

★ x^2 の係数が 1 以外のときは，x^2 と x の項を x^2 の　　　　　でくくってから変形する。

例）$y = 3x^2 + 6x + 7$

★ $y = ax^2 + bx + c$のグラフと y 軸との交点は，　　　　　　　である。

例）$y = 3x^2 + 2x + 4$

【Q】 次の 2 次関数の頂点と軸を求めなさい。また，そのグラフをかきなさい。

(1) $y = -x^2 - 6x - 4$

(2) $y = \frac{1}{2}x^2 - 4x + 1$

y x 0

y x 0

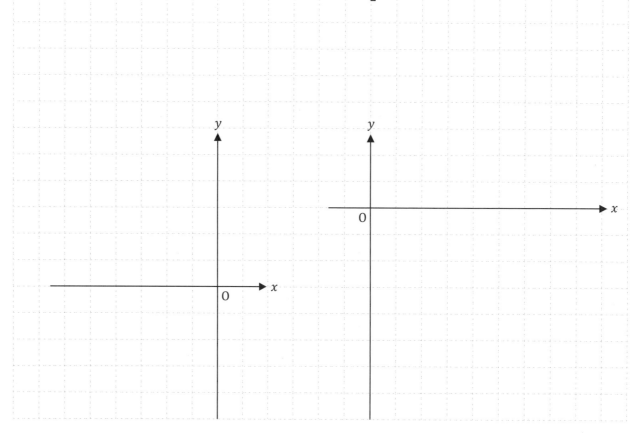

3-3 $y = ax^2 + bx + c$ と平方完成

(1) 次の 2 次式を平方完成しなさい。

① $x^2 + 4x + 7$

② $-2x^2 - 2x - 1$

③ $-\frac{1}{2}x^2 + 4x + 4$

④ $(2x + 1)(-x + 3)$

(2) 次の 2 次関数の頂点と軸を求めなさい。また，そのグラフをかきなさい。

① $y = -x^2 - 2x + 4$

② $y = -2x^2 + 6x + 3$

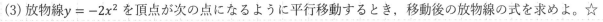

(3) 放物線$y = -2x^2$ を頂点が次の点になるように平行移動するとき，移動後の放物線の式を求めよ。☆

① $(1,\ -3)$

② $(-2,\ 4)$

3-4 Check Point! 点とグラフの平行移動

★ 点の平行移動

点$(a,\ b)$を x軸方向に p，y軸方向に q だけ移動すると，

移動後の点の座標は，(　　　　　　)となる。

例）点$(2,\ -1)$を，x軸方向に -3，y軸方向に 4 だけ移動する

⇨ 移動後の点の座標

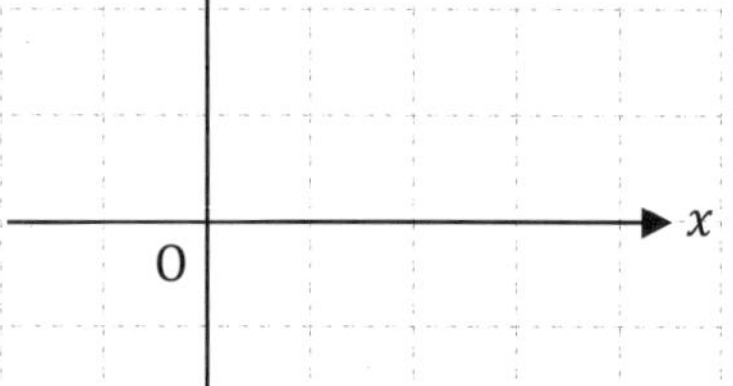

★ 放物線の平行移動

放物線の平行移動は，　　　　の移動 で考える。平行移動しても　　　　　　は変わらない。

例）$y = 2(x-3)^2 + 1$ を x軸方向に 4，y軸方向に -2 だけ平行移動した放物線

★ $y = ax^2 + bx + c$ の平行移動は，　　　　　　　　　の形に変形して，頂点で考える。

例）$y = x^2 - 2x + 3$ ⇨ $y = x^2 - 6x + 7$

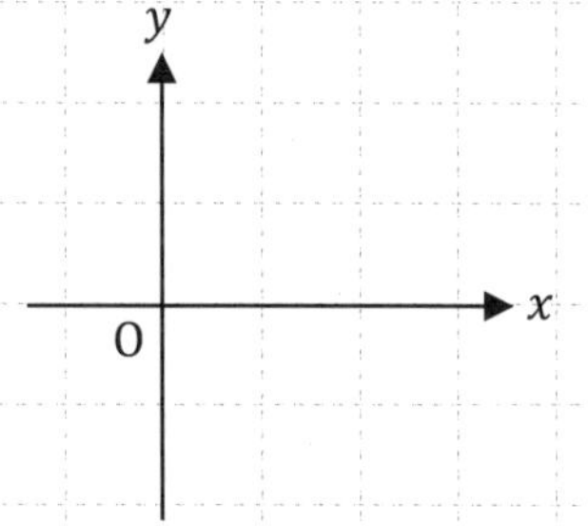

【Q】次の問いに答えなさい。

(1) 放物線 $y = 2x^2 + 8x + 9$ を，x軸方向に 5，y軸方向に -3 だけ平行移動した放物線の方程式を，$y = ax^2 + bx + c$ の形で表しなさい。

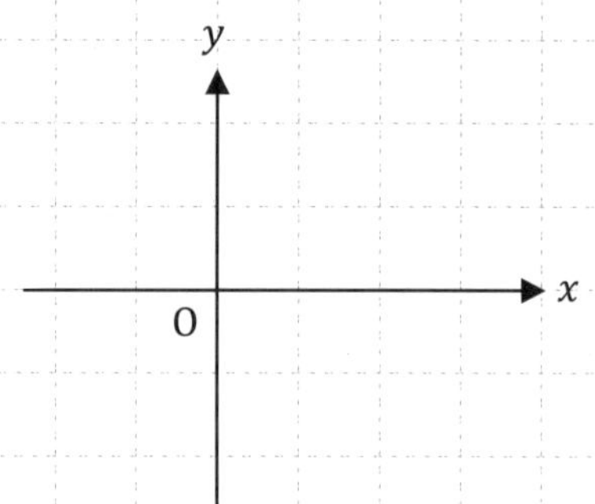

(2) 放物線 $y = x^2 - 4x + 6$ をどのように平行移動すると，放物線 $y = x^2 + 6x + 7$ に重なるかを答えよ。

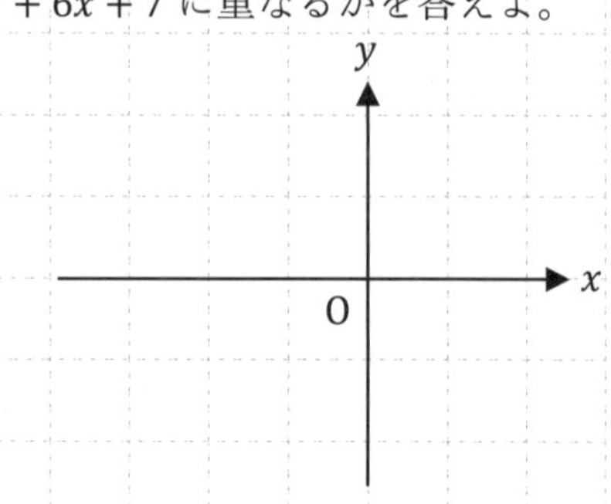

第3章　2次関数

次の問いに答えなさい。

(1) 次の点を x 軸方向に -2，y 軸方向に 3 だけ移動したとき，移動後の点の座標を求めなさい。

① (4，2)　　② (5，－3)　　③ (−4，6)

(2) 放物線 $y = x^2 - 6x + 11$ を，x 軸方向に -4，y 軸方向に -5 だけ平行移動した放物線の方程式を，$y = ax^2 + bx + c$の形で表しなさい。

(3) 放物線 $y = 3x^2 + 12x + 9$ をどのように平行移動すると，放物線 $y = 3x^2 - 6x + 4$に重なるかを答えよ。

(4) $y = x^2 - 4x + 3$ を x 軸方向に平行移動した原点を通る放物線の方程式を求めよ。☆

3-5 Check Point!  $f(x)$の平行移動と対称移動 ☆

★ $y=f(x)$ の平行移動

$y=f(x)$を x 軸方向に p，y 軸方向に q だけ移動すると，

移動後の関数は，　　　　　　　　　　となる。

例）$y=x^2+x+3$ を，x 軸方向に 3，y 軸方向に -5 だけ移動する

★ 対称移動

座標	x軸に関して対称	y軸に関して対称	原点に関して対称
座標	y, x, 0	y, x, 0	y, x, 0
曲線の方程式			

【Q】次の問いに答えなさい。

(1) $y=2x^2+x-4$ を x軸方向に -4，y軸方向に 7 だけ平行移動させて得られる放物線の方程式を求めよ。

(2) 次の各点を x軸，y軸，原点に関して，それぞれ対称移動して得られる各点の座標を求めよ。

① (3, 5)　　② (−2, 3)

(3) 放物線 $y=2x^2+x$ を x軸，y軸，原点に関して，それぞれ対称移動した放物線の方程式を求めよ。

3-5 $f(x)$の平行移動と対称移動☆

(1) $y=x^2-3x$ を x軸方向に 3，y軸方向に -4 だけ平行移動させて得られる放物線の方程式を求めよ。

(2) 次の各点を x軸，y軸，原点に関して，それぞれ対称移動して得られる各点の座標を求めよ。

① (6，2)

② (−5，−4)

(3) 放物線 $y=-x^2-x-5$ を x軸，y軸，原点に関して，それぞれ対称移動した放物線の方程式を求めよ。

(4) ある放物線を，x軸方向に -2，y軸方向に -3 平行移動し，さらに x軸に関して対称移動したら，$y=x^2-2x+3$ に移った。もとの放物線の式を求めよ。

3-6 Check Point! 関数の最大値・最小値

★ 定義域に制限がない２次関数 $y = a(x-p)^2 + q$

①$a > 0$のとき，最大値　　　　，最小値

②$a < 0$のとき，最大値　　　　　　　，最小値

★ 定義域に制限がある２次関数 $y = a(x-p)^2 + q$

値域が不等号　　　　　を使って表されるとき，最大値または最小値は　　　　例）

★ 上記以外で２次関数の定義域に制限がある最大・最小は，５パターン。

① 頂点≦定義域左端　② 定義域左端＜頂点＜定義域中央　③ 頂点＝定義域中央

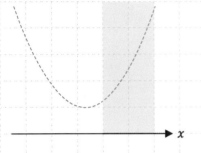

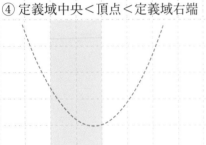

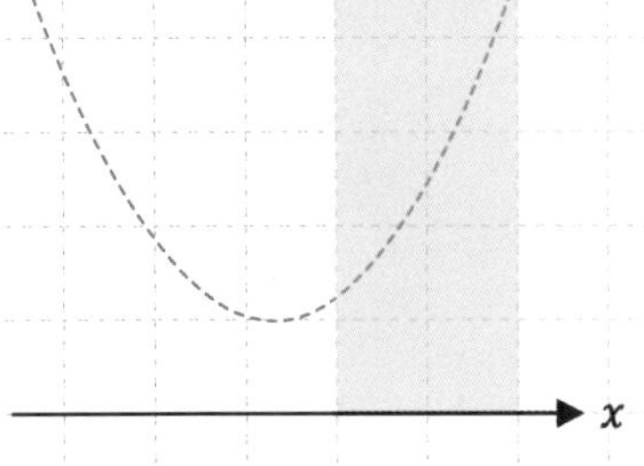

④ 定義域中央＜頂点＜定義域右端

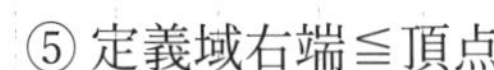

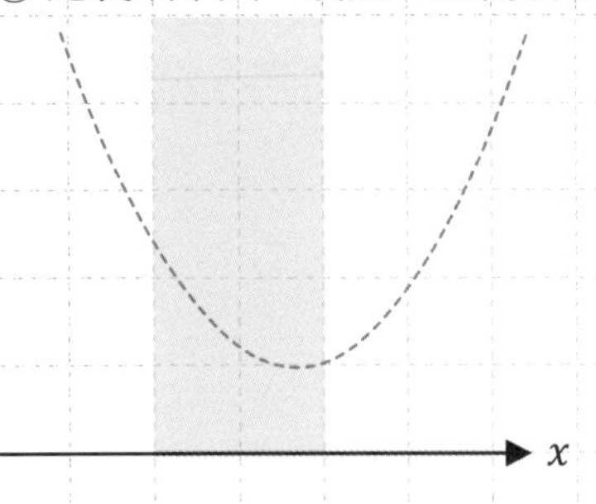

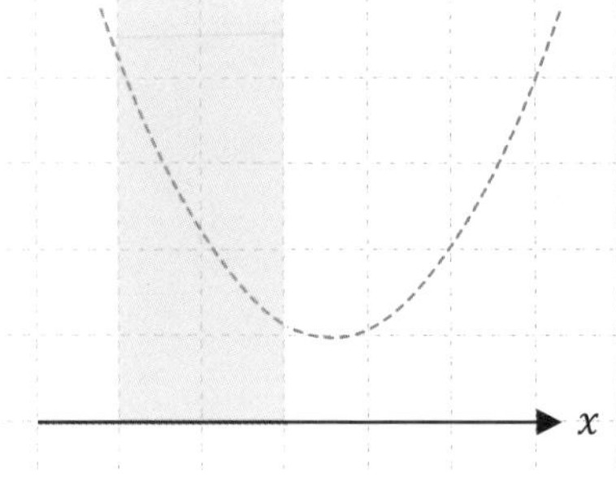

【Q】次の関数の値域を求めなさい。また，関数の最大値，最小値があれば答えなさい。

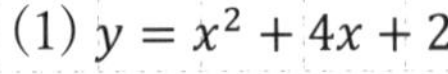

(1) $y = x^2 + 4x + 2$

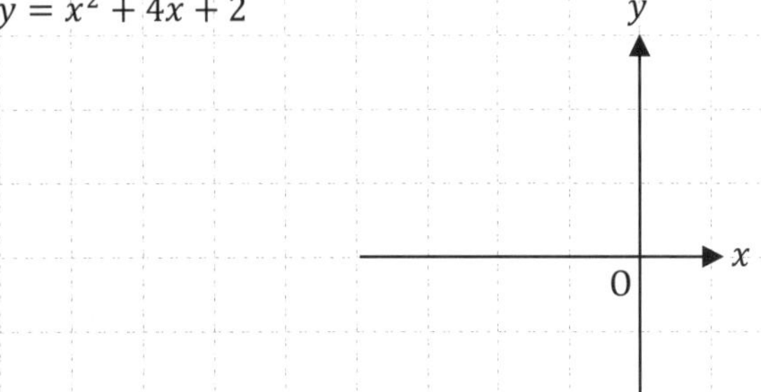

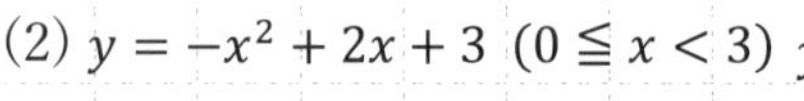

(2) $y = -x^2 + 2x + 3$ $(0 \leqq x < 3)$

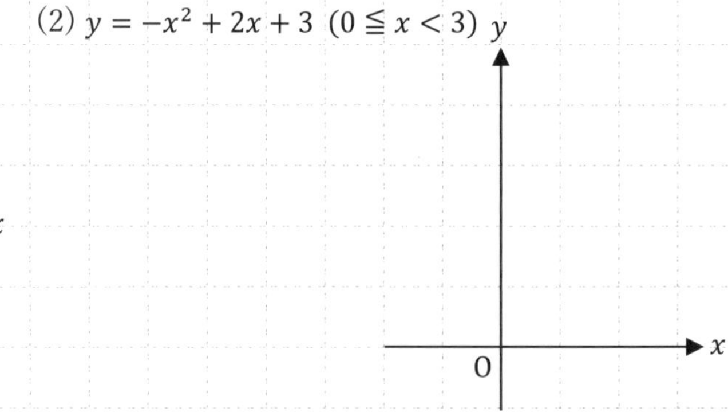

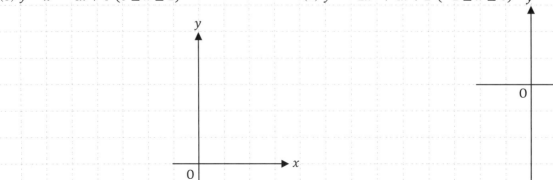

(3) $y = x^2 - 4x + 4$ $(0 \leqq x \leqq 2)$

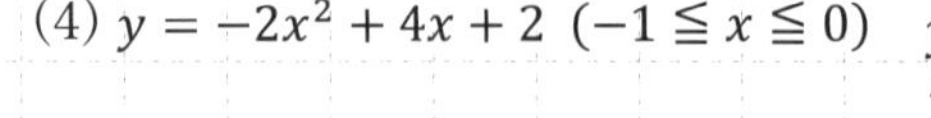

(4) $y = -2x^2 + 4x + 2$ $(-1 \leqq x \leqq 0)$

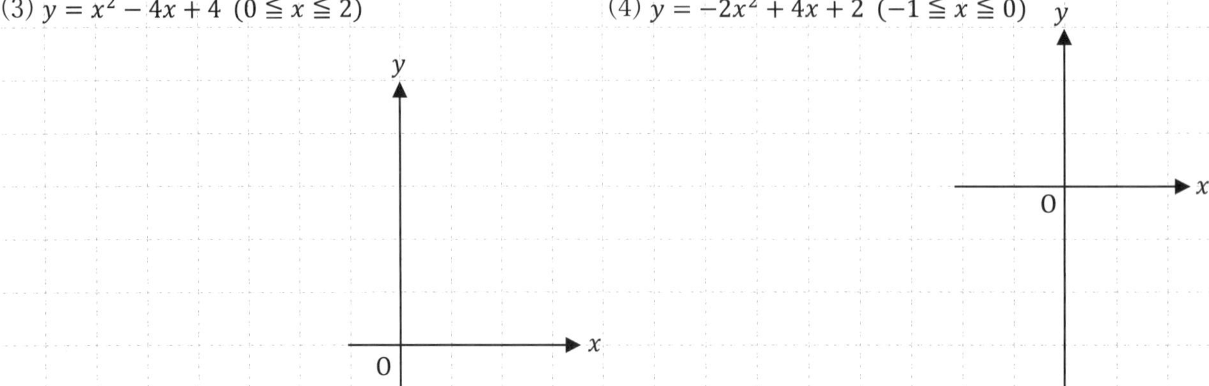

次の関数の値域を求めなさい。また，関数の最大値，最小値があれば答えなさい。

(1) $y = -x^2 + 4x + 2$

(2) $y = -\frac{1}{2}x^2 + 2x - 1 \ (x \leqq 1)$

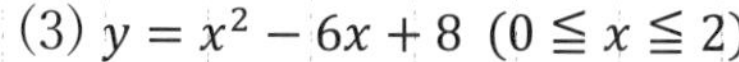

(3) $y = x^2 - 6x + 8 \ (0 \leqq x \leqq 2)$

(4) $y = x^2 - 6x + 8 \ (0 \leqq x \leqq 4)$

(5) $y = x^2 - 6x + 8 \ (0 \leqq x \leqq 6)$

(6) $y = x^2 - 6x + 8 \ (2 \leqq x \leqq 6)$

(7) $y = x^2 - 6x + 8 \ (4 \leqq x \leqq 6)$

(8) $y = -2x^2 + 2x + 2 \ (-1 < x \leqq 2)$

3-7 Check Point!  最大値・最小値から係数を決定

★最大，最小の問題は，グラフをかき，　　　　と定義域の　　と　　　　に注目する。

例）$y = x^2 - 6x + c$ $(1 \leqq x \leqq 4)$ の最小値が 1 になるときの定数 c の値，最大値が 4 のときの定数 c の値

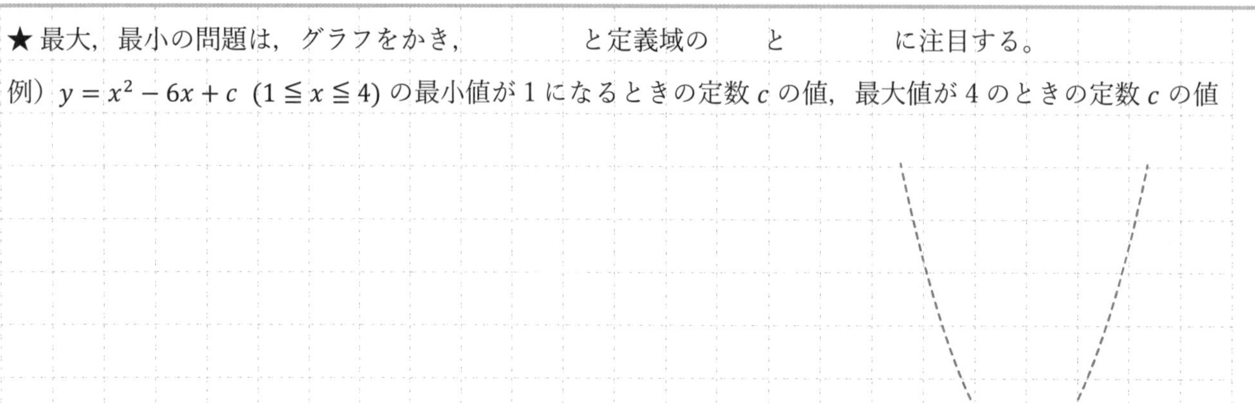

【Q】次の問いに答えなさい。

(1) 2 次関数 $y = x^2 + 4x + c$ が最小値 -4 をもつとき，c の値を求めなさい。

(2) 関数 $y = -x^2 + 4x + c$ $(1 \leqq x \leqq 4)$ の最小値が 2 であるとき，定数 c の値を求めなさい。

また，最大値が 10 のときの定数 c の値を求めなさい。

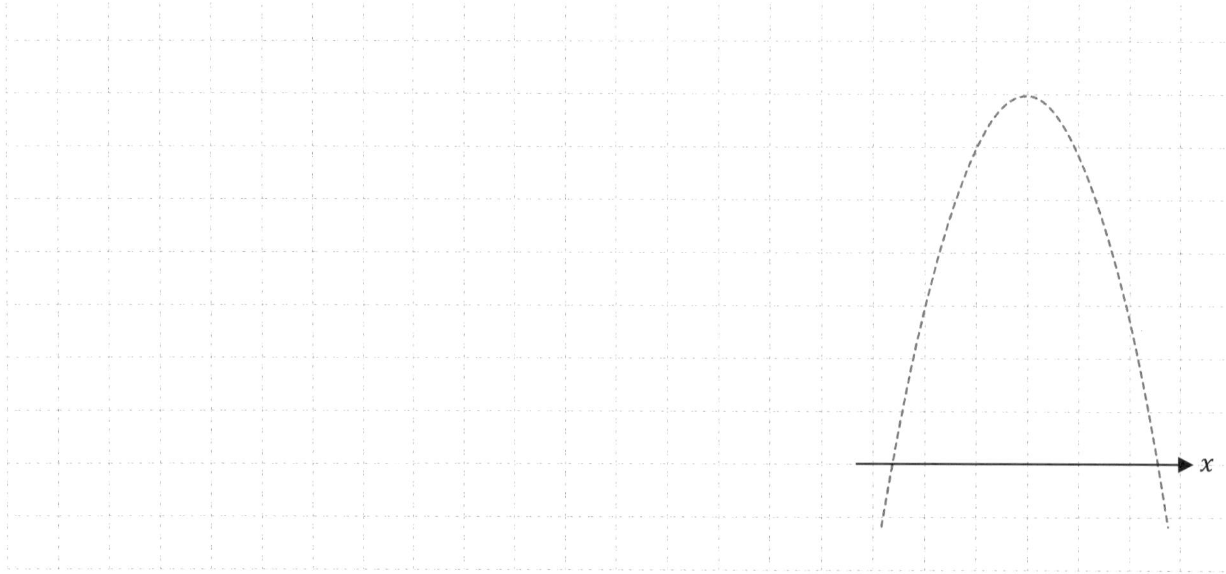

第3章 2次関数

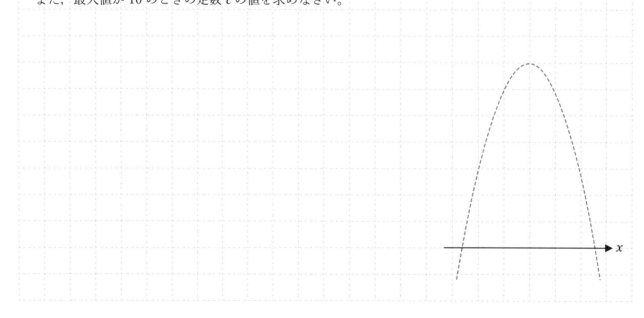

3-7　最大値・最小値から係数を決定

(1) 2次関数 $y = 3x^2 - 6x + c$ が最小値 3 をもつとき，c の値を求めなさい。

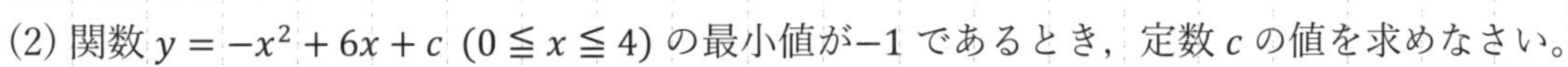

(2) 関数 $y = -x^2 + 6x + c$ $(0 \leqq x \leqq 4)$ の最小値が-1 であるとき，定数 c の値を求めなさい。

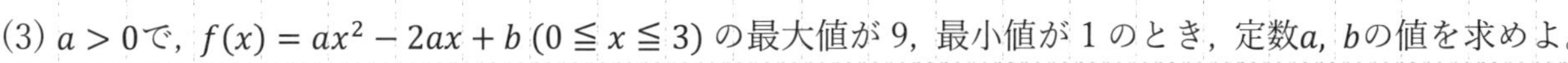

(3) $a > 0$で，$f(x) = ax^2 - 2ax + b$ $(0 \leqq x \leqq 3)$ の最大値が 9，最小値が 1 のとき，定数a, bの値を求めよ。

(4) 2次関数 $y = x^2 + 2kx + k$ の最小値をmとする。☆

① mは kの関数である。mを kの式で表せ。

② kの関数m の最大値とそのときの kの値を求めよ。

3-8 Check Point! 係数に文字をふくむ関数の最小値または最大値

★ $a > 0$ のグラフで係数に文字をふくむ関数（軸が動く関数）についての最小値

定義域と頂点の位置がわかるグラフをかき，以下の 3 つで　　　　　をする。

① 頂点が定義域の左外　② 頂点が定義域の中　③ 頂点が定義域の右外

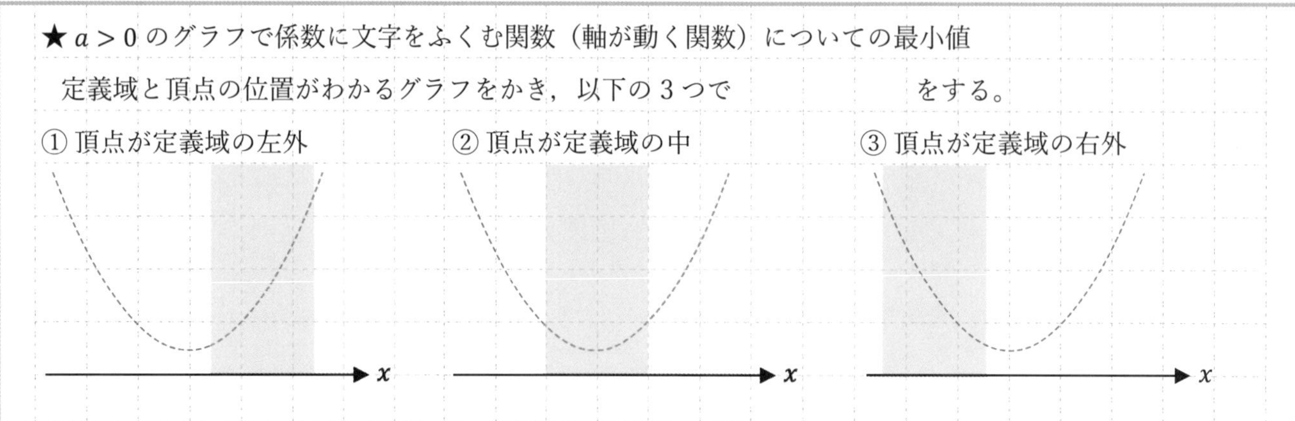

【Q】関数 $y = x^2 - 2ax + 4a$ $(0 \leqq x \leqq 2)$ の最小値を求めなさい。また，そのときの xの値も答えなさい。

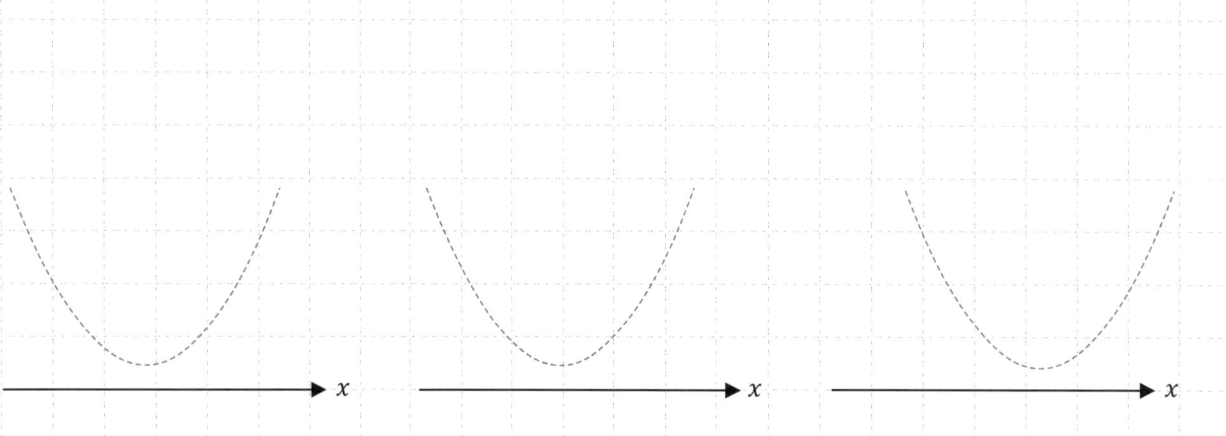

★ $a > 0$ のグラフで係数に文字をふくむ関数（軸が動く関数）についての最大値

定義域と頂点の位置がわかるグラフをかき，以下の 3 つで　　　　　をする。

① 頂点が定義域の中央の左　② 頂点が定義域の中央　③ 頂点が定義域の中央の右

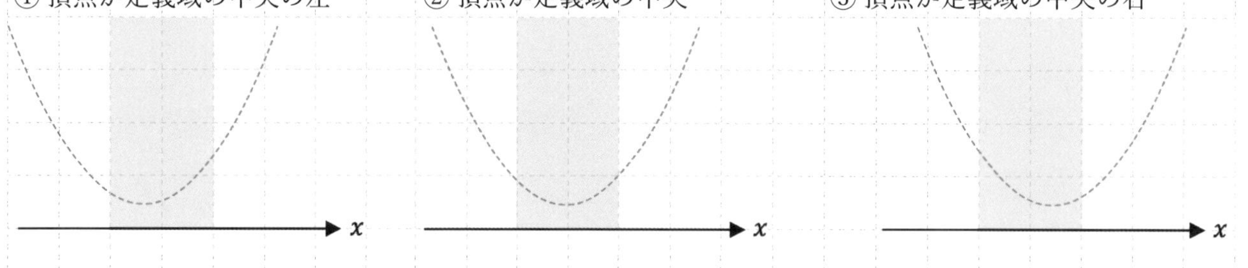

【Q】関数 $y = x^2 - 2ax + 4a$ $(0 \leqq x \leqq 2)$ の最大値を求めなさい。また，そのときの xの値も答えなさい。

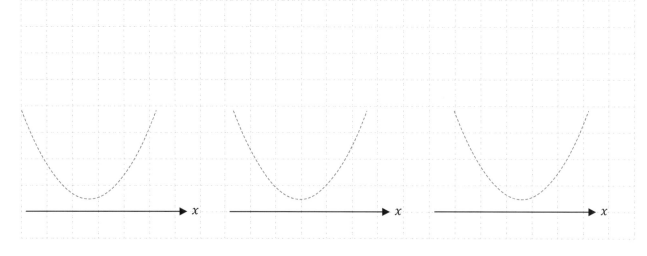

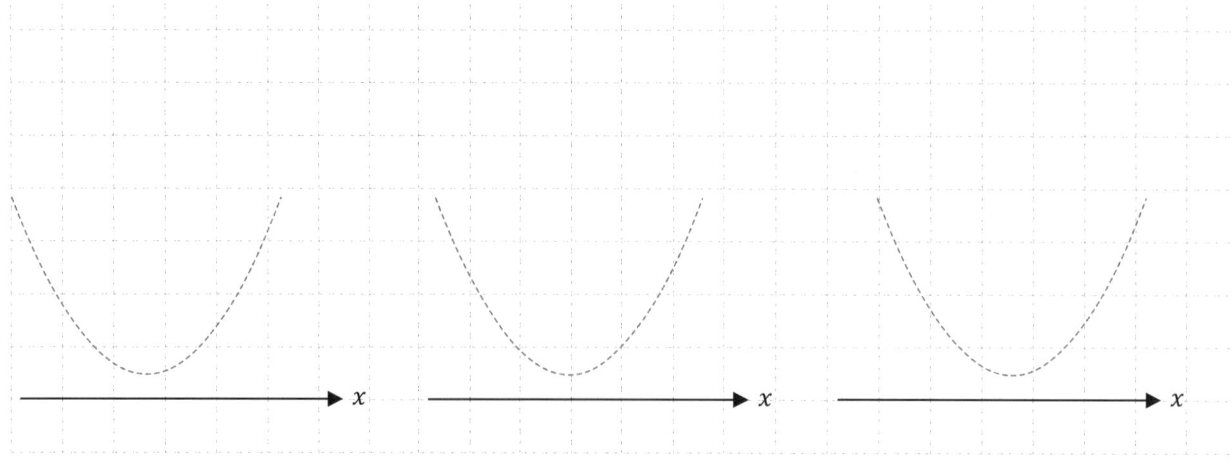

3-8 係数に文字をふくむ関数の最小値または最大値

(1) 関数 $y = x^2 - 2ax + 2$ $(0 \leqq x \leqq 4)$ の最小値を求めなさい。また，そのときの xの値も答えなさい。

(2) 関数 $y = x^2 - 2ax + 2$ $(0 \leqq x \leqq 4)$ の最大値を求めなさい。また，そのときの xの値も答えなさい。

(3) 関数$f(x) = -x^2 + 2ax + a$ $(0 \leqq x \leqq 2)$ について

① 最大値を求めなさい。

② 最小値を求めなさい。

3-9 Check Point!  係数に文字をふくむ関数の最大値と最小値 ☆

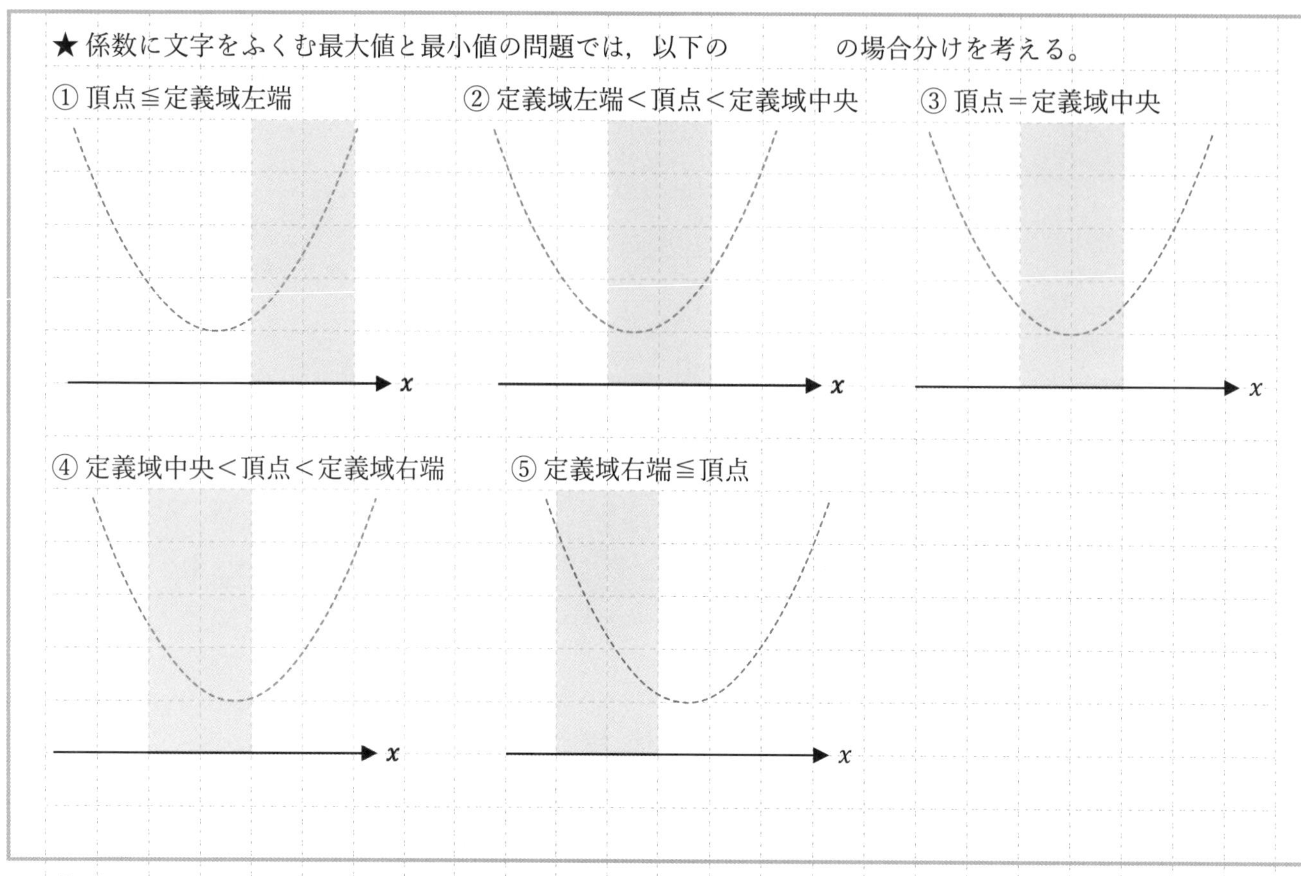

【Q】$0 < a$ のとき，関数 $y = x^2 - 2ax + 2a^2$ $(0 \leqq x \leqq 2)$ の最大値と最小値を求めなさい。
　　また，そのときの x の値も答えなさい。

x　x

x　x

第3章　2次関数

3-9　係数に文字をふくむ関数の最大値と最小値 ☆

(1) 関数 $y = x^2 - 2ax + 1$ $(0 \leqq x \leqq 2)$ の最大値と最小値を，次の場合について求めなさい。
また，そのときの x の値も答えなさい。

① $1 < a < 2$

② $2 \leqq a$

(2) 関数$y = -x^2 + 2ax$ $(0 \leqq x \leqq 1)$ の最大値を $M(a)$とするとき，次の問いに答えよ。

① $M(a)$を求めよ。

② $b = M(a)$ のグラフをかけ。

(3) $y = x^2 - 2ax - a$ $(0 \leqq x \leqq 2)$ の最小値が -2 であるように，定数 a の値を求めよ。

3-10 Check Point! 定義域に文字をふくむ関数の最大値・最小値 ☆

★ 定義域に文字をふくむ問題で最大値と最小値を求めるときは，以下の　　　の場合分けする。

例）　$y=\frac{1}{2}(x-3)^2+1$　$(a \leqq x \leqq a+2)$

① 頂点≦定義域左端　② 定義域左端＜頂点＜定義域中央　③ 頂点＝定義域中央

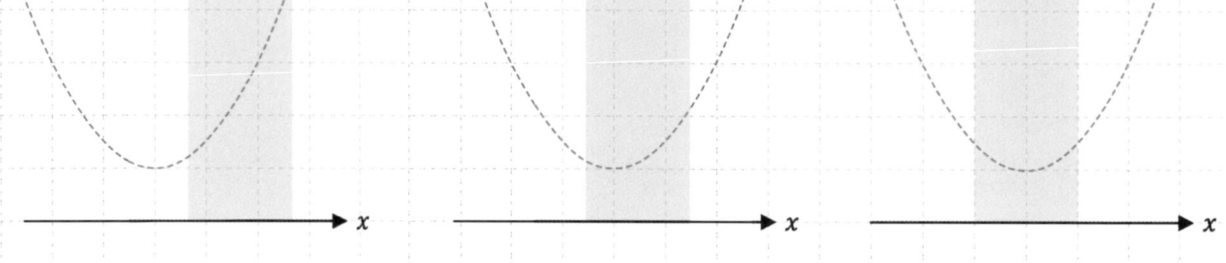

④ 定義域中央＜頂点＜定義域右端　⑤ 定義域右端≦頂点

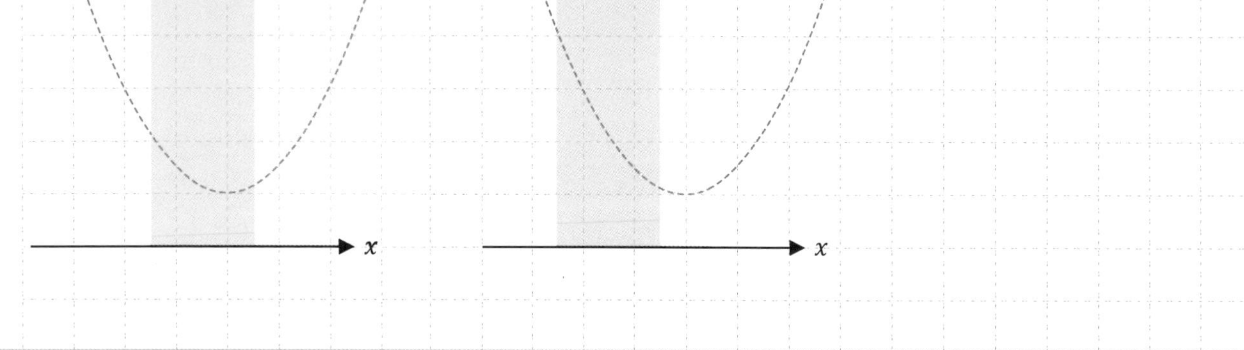

【Q】$a>1$のとき，関数 $y=x^2-6x+10$ $(a \leqq x \leqq a+2)$ の最大値と最小値を求めなさい。

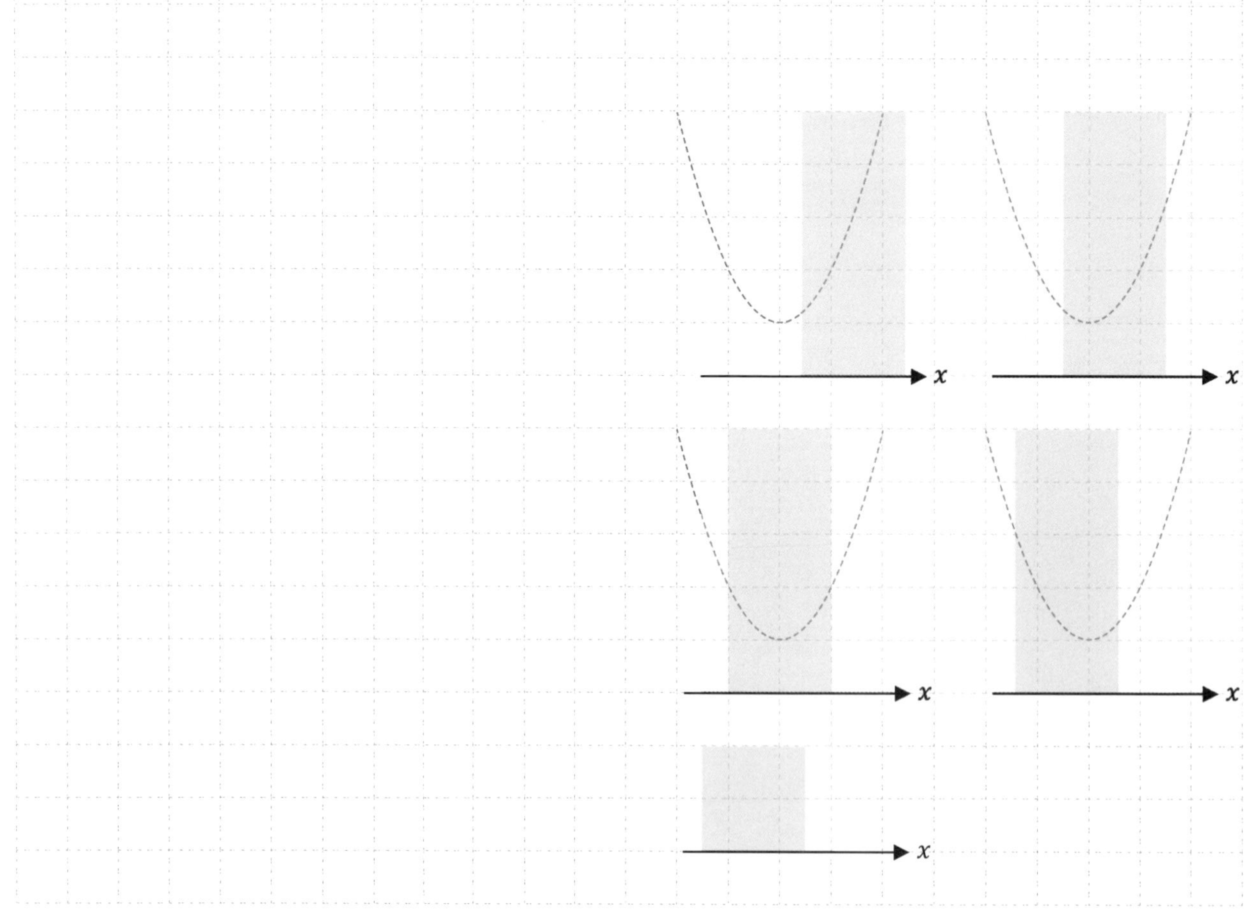

第3章　2次関数

3-10 定義域に文字をふくむ関数の最大値・最小値 ☆

(1) 関数 $y = x^2 - 4x + 1$ $(a \leqq x \leqq a+2)$ の最大値と最小値を求めなさい。そのときの xの値も答えよ。

(2) 関数$f(x) = -x^2 + 2x + 3$ $(a \leqq x \leqq a+2)$ の最大値を $M(a)$，最小値を $m(a)$ とする。

① 最大値 $M(a)$ を求め，$b = M(a)$ のグラフをかけ。

② 最小値 $m(a)$ を求め，$b = m(a)$ のグラフをかけ。

3-11 Check Point!  $y = a(x-p)^2 + q$ を利用した２次関数の求め方

★ ２次関数の式の求め方

① 放物線の頂点や軸がわかっている場合，　　　　　　　　　　　の形を利用。

・頂点 (x_1, x_2)　　　・軸 $x = x_1$　　　・通る点 (x_1, x_2)

例）頂点 (2, 1) で，y軸との交点が (0, 5) の２次関数

【Q】次の条件を満たす２次関数を求めなさい。

(1) 頂点が (1, 3) で，点 (2, 5) を通る。

(2) 軸が直線 $x = -1$ で，２点 $(-1, 4)$，$(1, 6)$ を通る。

(3) $x = 1$ で最大値 4 をとり，$x = 3$ で $y = 0$ となるような２次関数を $y = ax^2 + bx + c$ の形で答えよ。

第３章　２次関数

3-11　$y=a(x-p)^2+q$ を利用した2次関数の求め方

(1) 次の条件を満たす2次関数を求めなさい。

① グラフの頂点が (1, 3) で，点 (2, 4) を通る。

② グラフの軸が直線 $x=1$ で， 2点 $(-1,\ 10)$，$(2,\ 1)$ を通る。

(2) $x=2$ で最小値 -4 をとり，原点を通るような2次関数を $y=ax^2+bx+c$ の形で答えよ。

(3) x^2 の係数が1で頂点が $(b,\ 2b-3)$ で，$(0,\ -4)$ を通る2次関数を求めよ。

3-12 Check Point!  $y = ax^2 + bx + c$ を利用した2次関数の求め方

★通る3点がわかっている場合の2次関数の式の求め方

に通る点を代入し，連立3元1次方程式をつくる。

★連立3元1次方程式の解き方

① を消去して，2文字の連立方程式を導く。

② ①で消去した文字の値を求める。

例）3点 $(-1,\ 1)$，$(-2,\ -6)$，$(3,\ 9)$ を通る2次関数

【Q】2次関数のグラフが3点 $(1,\ 4)$，$(3,\ 0)$，$(-1,\ 0)$ を通るとき，この2次関数を求めなさい。

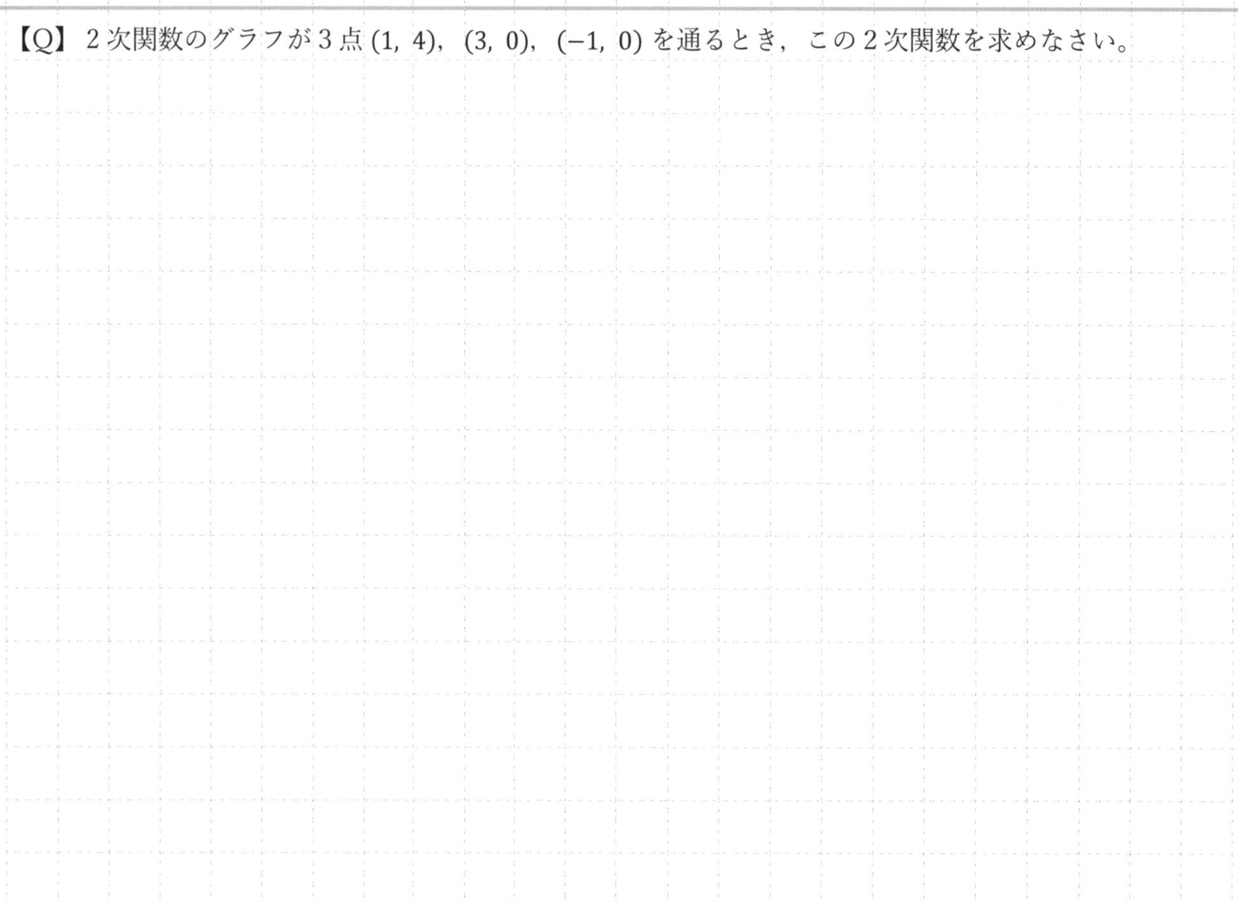

第3章 2次関数

3-12 $y = ax^2 + bx + c$ を利用した２次関数の求め方

２次関数のグラフが次の３点を通るとき，その２次関数を求めなさい。

(1) $(-1,\ 7)$，$(0,\ -2)$，$(1,\ -5)$

(2) $(1,\ 4)$，$(3,\ 2)$，$(-2,\ -8)$

(3) $(3,\ -7)$，$(-2,\ -17)$，$(1,\ 1)$

(4) $(1,\ 4)$，$(3,\ 0)$，$(-1,\ 0)$

3-13 Check Point!  平行移動を利用した２次関数の求め方 ☆

★ 放物線や２次関数で，次の条件が与えられている

① 放物線 $y = ax^2 + bx + c$ が平行移動 ⇒ 　　の値は変化しない

② 通る点の座標 ⇒ 　　　　　に代入

例）$y = 2x^2 + 2x + 1$ を平行移動して，原点と $(2,\ 0)$ を通る

【Q】次の条件を満たす放物線の方程式をそれぞれ求めよ。

(1) 放物線 $y = 2x^2 + 3x - 1$ を平行移動したものが，２点 $(-1,\ 6)$，$(2,\ 3)$ を通る。

(2) 放物線 $y = -x^2 - 2x + 1$ を平行移動したものが，原点を通り，頂点が直線 $y = 2x - 1$ 上にある。

第3章　2次関数

3-13　平行移動を利用した２次関数の求め方☆

次の条件を満たす放物線の方程式をそれぞれ求めよ。

(1) 放物線 $y=2x^2+4x+3$ を平行移動したものが，２点 $(1,\ 8)$，$(3,\ 2)$ を通る。

(2) 放物線 $y=-4x^2+5x+2$ を平行移動したものが，２点 $(-2,\ 1)$，$(-3,\ -1)$ を通る。

(3) 放物線 $y=-\frac{1}{2}x^2+x$ を平行移動したものが，原点を通り，頂点が直線 $y=-x+4$ 上にある。

(4) 放物線 $y=-2x^2+7x$ を平行移動したものが，$(1,\ 3)$ を通り，頂点が直線 $y=x^2+2$ 上にある。

3-14 Check Point!  2次方程式

★ 2次方程式の解き方

① 平方根の利用

$x^2 = a\ (a > 0)$ の解 ⇒

$(x + m)^2 = a\ (a > 0)$ の解 ⇒

② 因数分解を利用

$x(x - a) = 0$ ⇒

$(x - a)^2 = 0$ の解 ⇒

$(x - a)(x - b) = 0$ ⇒

$(ax - b)(cx - d) = 0$ ⇒

③ 解の公式を利用

$ax^2 + bx + c = 0$ の解

⇒

$b = 2b'$ の場合

⇒

例）$3x^2 + 4x - 2 = 0$

【Q】次の2次方程式を解きなさい。

(1) $4x^2 = 7$

(2) $(x - 1)^2 = 9$

(3) $x^2 - 16x = 0$

(4) $6x^2 - x - 2 = 0$

(5) $2x^2 - 8x + 3 = 0$

(6) $x^2 - 2\sqrt{3}x + 2 = 0$

第3章 2次関数

Try Out!

(1) 次の2次方程式を解きなさい。

① $x^2=8$　② $(x+2)^2=16$　③ $x^2-5x=0$

④ $x^2+5x-6=0$　⑤ $4x^2-11x+6=0$　⑥ $2x^2+6x+1=0$

⑦ $2x^2-7\sqrt{3}x+9=0$　⑧ $(x+2)(x+3)=2$　⑨ $\frac{1}{2}x^2-\frac{5}{3}x+1=0$

(2) aを定数とするとき，次の方程式を解け。☆

$ax^2+(a^2-1)x-a=0$

3-15 Check Point!  2次方程式の実数解の個数

★ 2次方程式 $ax^2 + bx + c = 0$ の実数解の個数は，　　　　　　(解の公式の$\sqrt{\ }$)の符号を調べるとわかる。

このの $b^2 - 4ac$ を判別式といい，　　　で表す。

$D > 0 \iff$

$D = 0 \iff$

$D < 0 \iff$

例）$x^2 + 4x + 3 = 0$

【Q】次の問いに答えなさい。

(1) 2次方程式 $9x^2 + 12x + 4 = 0$ の実数解の個数を求めよ。また実数解をもつときはそれを求めよ。

(2) 次の条件を満たすように，定数 m の値の範囲または値を求めなさい。

① 2次方程式 $x^2 + 2x + m - 4 = 0$ が実数解をもたない。

② 2次方程式 $2x^2 - 4x + 2m - 1 = 0$ が実数解をもつ。

③ 2次方程式 $x^2 - 4mx + m + 3 = 0$ が重解をもつ。

3-15　2 次方程式の実数解の個数

(1) 次の 2 次方程式の実数解の個数を求めなさい。また，実数解をもつときはそれを求めなさい。

① $3x^2+3x+2=0$　② $3x^2+6x+3=0$　③ $4x^2-10x+5=0$

(2) 次の 2 次方程式がそれぞれの条件を満たすように，定数 m の値またはその値の範囲を求めなさい。

① $x^2+2(m-3)x+1=0$ が重解をもつ。　② $2x^2+3x-m=0$ が異なる 2 つの実数解をもつ。

③ $3x^2-4x+5m-1=0$ が実数解をもたない。　④ $2x^2-8x+3m-1=0$ が実数解をもつ。

(3) $(m+1)x^2+2(m-1)x+2m-5=0$ の解がただ 1 つの実数解をもつとき，定数mの値を求めよ。☆

3-16 Check Point!  解から方程式を求める

★ $x=\alpha$ を解に持つ方程式

x の方程式が α を解にもつ ⇒ その方程式に　　　　　　を代入

例）2 次方程式 $2x^2-mx-m^2=0$ が $x=1$ を解にもつときの mの値と他の解

【Q】次の問いに答えなさい。

(1) 2 つの 2 次方程式 $px^2+qx-2=0$，$x^2-px+q=0$ がともに $x=1$ を解に持つとき，定数 p，q の値を求めよ。

(2) 2 つの 2 次方程式 $x^2-4x+2m-1=0$，$x^2+3x-m=0$ が共通な実数解をもつとき，定数 m の値とその共通な解を求めなさい。

(1) 2次方程式 $2x^2+(k-3)x-k=0$ が $x=2$ を解にもつときの k の値と他の解を求めなさい。

(2) 2次方程式 $x^2+2mx-3m^2=0$ が $x=-1$ を解にもつときの m の値と他の解を求めなさい。

(3) $x^2-2x+m+3=0$，$x^2+3x+m-7=0$ が共通な解をもつとき，m の値とその共通な解を求めよ。

(4) $x^2-(k+3)x+8=0$，$x^2-5x+4k=0$ が共通な解をもつとき，kの値とその共通な解を求めよ。☆

3-17 Check Point! 2次関数のグラフと x 軸との位置関係

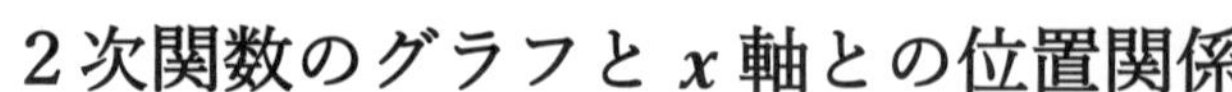

★ $y = ax^2 + bx + c$ のグラフと x軸との共有点

x軸上の点の y 座標は0なので，　　　を $y = ax^2 + bx + c$ に代入すると共有点の x座標が求められる。

⇒　　　　　　の実数解が共有点の x座標　　　→ x

★ $y = ax^2 + bx + c$ のグラフと x軸との共有点の個数

$ax^2 + bx + c = 0$ の実数解が，共有点の x座標なので，　　　　が共有点の個数になる。

⇒ 共有点の個数は，$ax^2 + bx + c = 0$ の 判別式　　　　の符号 を調べる。

★ $y = ax^2 + bx + c$ のグラフと x軸との位置関係は，次の表のようにまとめることができる。

$D = b^2 - 4ac$	$D > 0$	$D = 0$	$D < 0$
x軸との共有点の個数			
グラフの位置 $(a > 0)$	→ x	→ x	→ x
共有点の座標			

★ $y = ax^2 + bx + c$ のグラフと x軸との共有点は，因数分解で求められるときは利用する。

例）$y = x^2 - 7x + 10$

【Q】次の問いに答えなさい。

(1) 次の2次関数について，x軸との共有点の個数を求めよ。共有点がある場合は，その座標を求めよ。

① $y = 9x^2 + 12x + 4$　　② $y = x^2 + 2x - 1$　　③ $y = x^2 + 4x + 5$

(2) 2次関数 $y = x^2 - 4x + m$ のグラフが x軸との共有点をもたない定数 m の値の範囲を求めよ。

3-17　2次関数のグラフと x 軸との位置関係

(1) 次の2次関数について，x軸との共有点の個数を求めよ。共有点がある場合は，その座標を求めよ。

① $y=2x^2-x-6$

② $y=4x^2-20x+25$

③ $y=-x^2+2x-3$

④ $y=-x^2+5x+6$

(2) 次の条件を満たすように，定数 m の値の範囲をそれぞれ求めよ。

① 2次関数 $y=x^2+5x+m$ のグラフが x軸と異なる2点で交わる。

② 2次関数 $y=2x^2+3x-2m+1$ のグラフが x軸と共有点をもつ。

(3) 2次関数 $y=x^2-4x+2m$ のグラフと x軸との共有点の個数は mの値によってどう変わるかを示せ。☆

3-18 Check Point! 放物線と直線の共有点と x 軸の共有点の長さ

★ 放物線 $y = ax^2 + bx + c$ と 直線 $y = mx + n$ との共有点

放物線と直線の共有点 (交点) ⇒ $y = ax^2 + bx + c$ と $y = mx + n$ の　　　　　の解

例）$y = x^2$ と $y = x + 2$ の交点

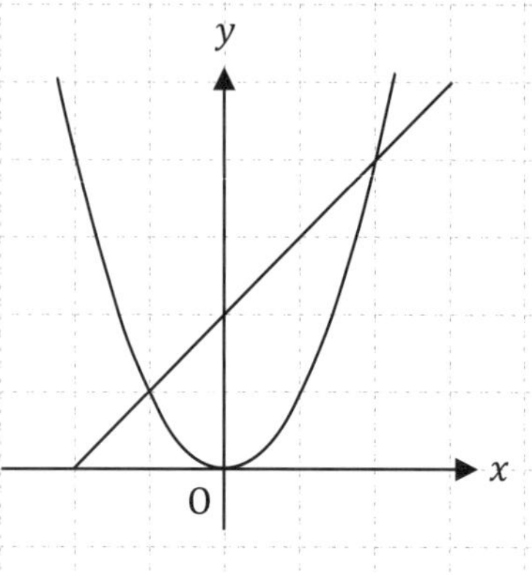

【Q】放物線 $y = 4x^2 + 3$ と直線 $y = 12x - 6$ の共有点の座標を求めなさい。

★ 放物線が x軸から切り取る線分の長さ ⇒ $y = 0$のときの

例）放物線 $y = x^2 - 2x - 2$

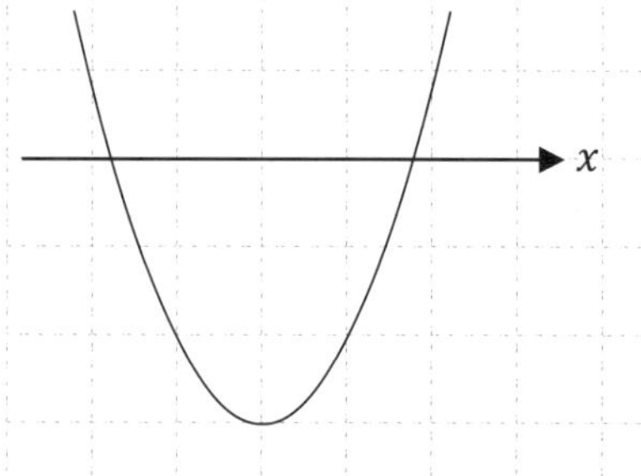

【Q】放物線 $y = x^2 + 4x + 3$ は x軸と 2 点で交わる。この放物線が x軸から切り取る線分の長さを求めよ。

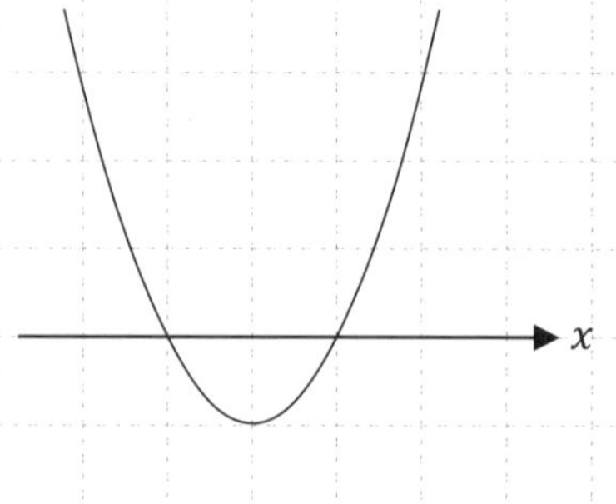

第3章　2次関数

3-18　放物線と直線の共有点と x 軸の共有点の長さ

(1) 放物線 $y=x^2-3x+2$ と直線 $y=3x-3$ の共有点の座標を求めなさい。

(2) 放物線 $y=x^2-3x-2$ は x軸と 2 点で交わる。この放物線が x軸から切り取る線分の長さを求めよ。

(3) 放物線$y=x^2-2x+2$ と直線$y=2ax-2$ が接するとき，定数 a の値と接点の座標を求めよ。☆

(4) 2 次関数 $y=3x^2-ax-1$ のグラフが x軸と異なる 2 点で交わることを示し，このグラフが x軸から切り取る線分の長さを求めよ。☆

3-19 Check Point!  放物線の係数の符号とグラフ

★ 2次関数 $y = ax^2 + bx + c$ の係数などの符号

a の値 ⇒ 放物線が，下に凸なら　　，上に凸なら

c の値 ⇒ 放物線と y軸との交点の　　　　　　と同じ

$b^2 - 4ac$の値 ⇒ x軸との共有点が2個なら　　，共有点がないなら

$a + b + c$ の値 ⇒　　　　　　　　　　$a - b + c$ の値 ⇒

b の値⇒ $-2a \times$ 軸

例）軸 > 0，$a > 0$

【Q】2次関数 $y = ax^2 + bx + c$ のグラフが下の図のようになるとき，次の値の符号を答えなさい。

(1) a 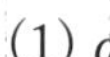　　(2) c　　(3) $b^2 - 4ac$

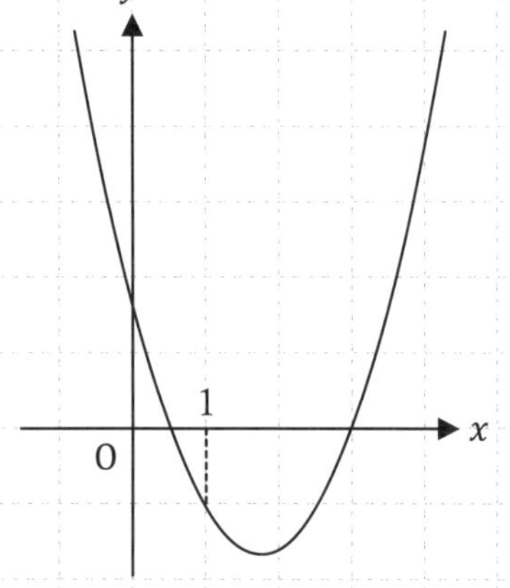

(4) $a + b + c$　　(5) $a - b + c$　　(6) b

(1) 2 次関数 $y = ax^2 + bx + c$ のグラフが下の図のようになるとき，次の値の符号を答えなさい。

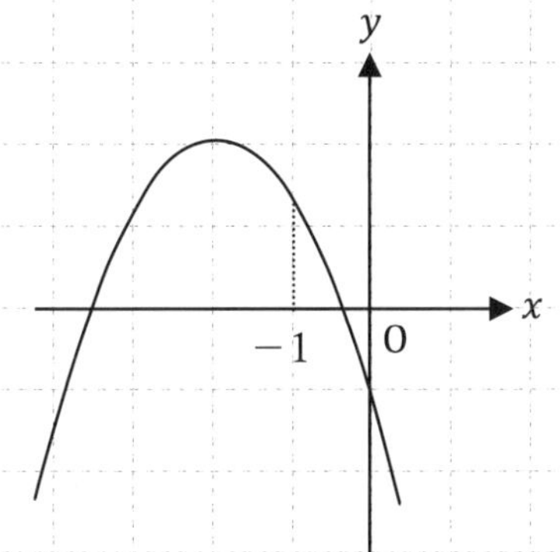

① a　　② c　　③ $b^2 - 4ac$

④ $a + b + c$　　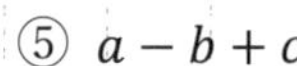⑤ $a - b + c$　　⑥ b

(2) a，b，c の値を入力すると $y = ax^2 + bx + c$ のグラフが表示され，右のグラフとなった。

① a，b，c，$b^2 - 4ac$，$a + b + c$ の符号を答えよ。

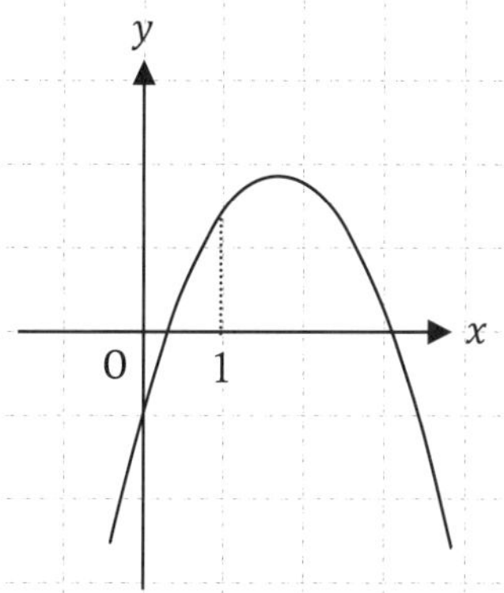

② この a，b を変えず，c だけを変化させたとき，変わらないものを次の中からすべて選べ。

(a) グラフと x軸との共有点の個数　(b) グラフの頂点の x座標の符号　(c) グラフの頂点の y座標の符号

2次不等式（異なる2点で交わる）

★ グラフと不等式

グラフを利用して不等式を解くことができる。

例）$2x-2>0$

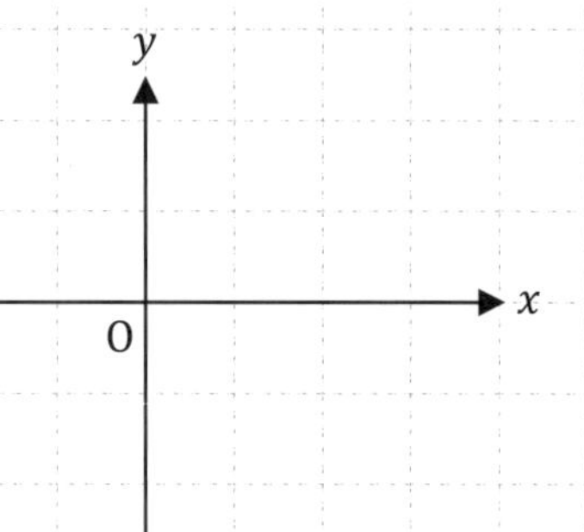

★ $ax^2+bx+c>0$ の2次不等式を解く手順

① $y=ax^2+bx+c$ と x軸との共有点を求める。共有点があれば，その　　　　を求める。

② ①をもとに，簡単に　　　　　　がわかるように x軸とグラフをかく。

③ グラフから不等式の解を求める。

★ $y=ax^2+bx+c$ $(a>0)$ と x軸との共有点が2点$(\alpha,\ 0)$，$(\beta,\ 0)$ $(\alpha<\beta)$の場合

① $ax^2+bx+c>0$

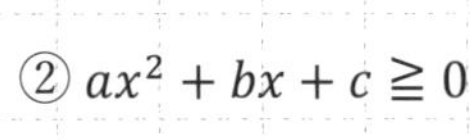
② $ax^2+bx+c\geqq 0$

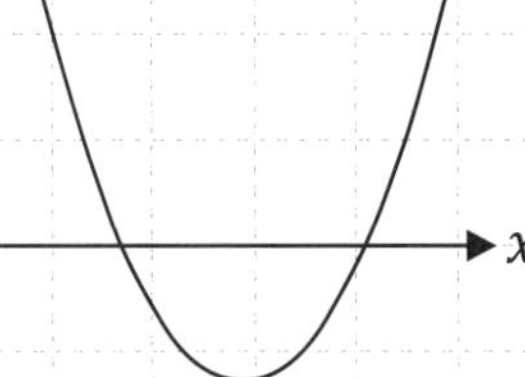

③ $ax^2+bx+c<0$

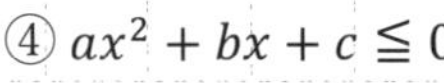
④ $ax^2+bx+c\leqq 0$

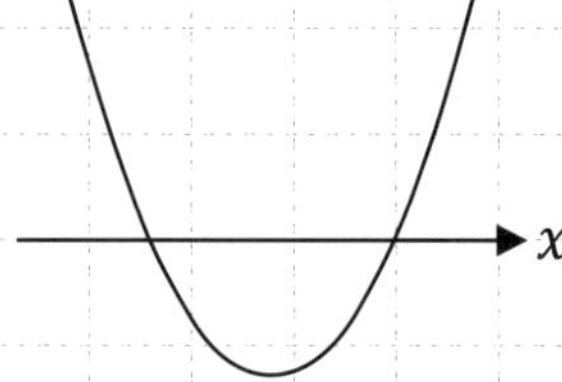

★ 表も解くための有効な思考ツール

$ax^2+bx+c=a(x-\alpha)(x-\beta)$

x		α		β	
$x-\alpha$					
$x-\beta$					
$a(x-\alpha)(x-\beta)$					

★ x^2 の係数が負のときは，両辺に　　　をかけてから解く（不等号の　　　　が変わる）。

【Q】次の2次不等式を解きなさい。

(1) $x^2-3x-10>0$

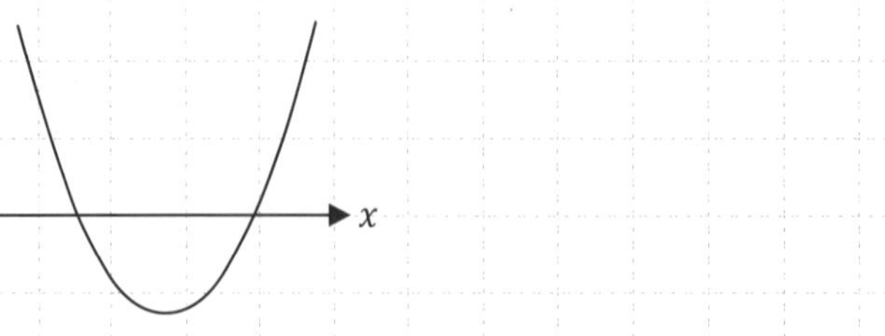

(2) $-x^2+2x+2\geqq 0$

第3章 2次関数

3-20　2 次不等式（異なる 2 点で交わる）

(1) 次の 2 次不等式を解きなさい。

① $(x+5)(x-3)<0$

② $x^2-6x-7 \geqq 0$

③ $x^2-6x+5 \leqq 0$

④ $2x^2+5x-3>0$

⑤ $-x^2-3x+10 \leqq 0$

⑥ $x^2-6x+2>0$

⑦ $-2\sqrt{2}x>x^2-6$

⑧ $(x+1)^2+2 \leqq 3(x+1)$

(2) 4 次不等式 $2x^4-11x^2+5>0$ を解け ☆

3-21 Check Point! 2次不等式（接する・共有点をもたない）

★ $ax^2+bx+c>0$ の2次不等式を解く手順

① $y=ax^2+bx+c$ と x軸との共有点を求める。共有点があれば，その　　　　を求める。

② ①をもとに，簡単に　　　　　　がわかるように x軸とグラフをかく。

③ グラフから不等式の解を求める。

★ $y=ax^2+bx+c\ (a>0)$ と x軸が 点$(\alpha,\ 0)$ で接するとき

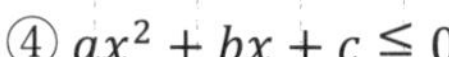

① $ax^2+bx+c>0$　② $ax^2+bx+c\geqq 0$　③ $ax^2+bx+c<0$　④ $ax^2+bx+c\leqq 0$

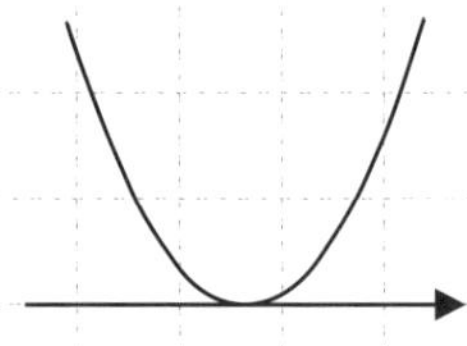

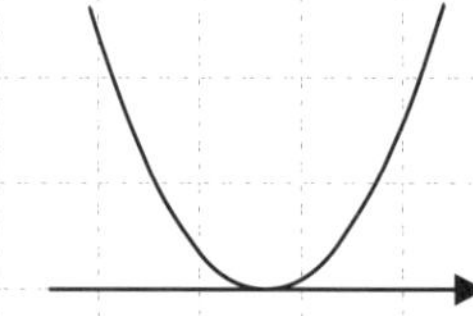

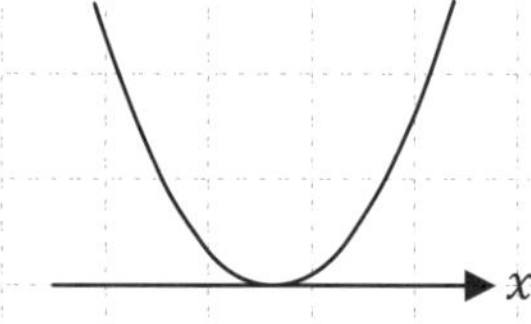

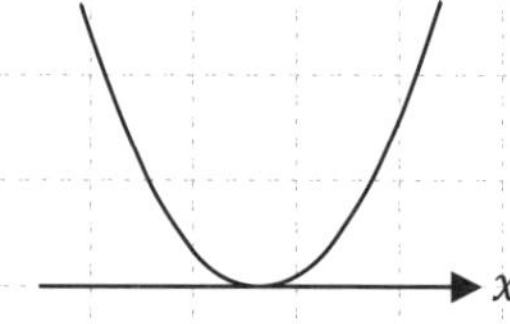

★ x^2の係数が負のときは，両辺に　　　をかけてから解く（不等号の　　　　が変わる)。

【Q】次の2次不等式を解きなさい。

(1) $x^2-6x+9>0$　　(2) $-4x^2+4x-1\geqq 0$

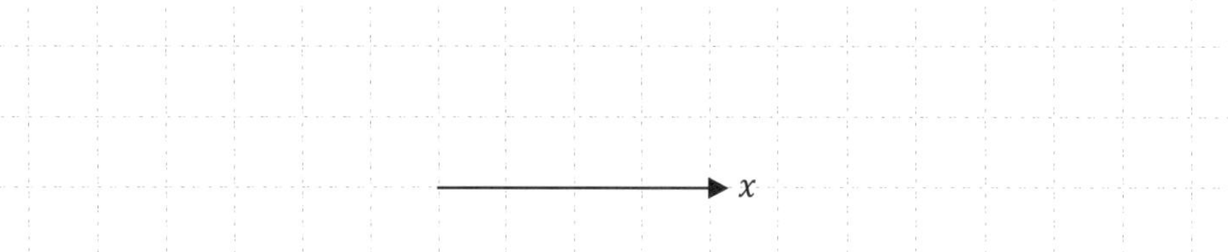

★ $y=ax^2+bx+c\ (a>0)$ と x軸が共有点をもたないとき

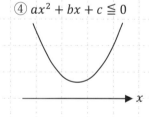

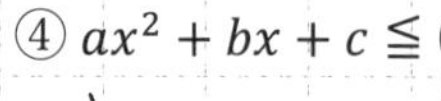

① $ax^2+bx+c>0$　② $ax^2+bx+c\geqq 0$　③ $ax^2+bx+c<0$　④ $ax^2+bx+c\leqq 0$

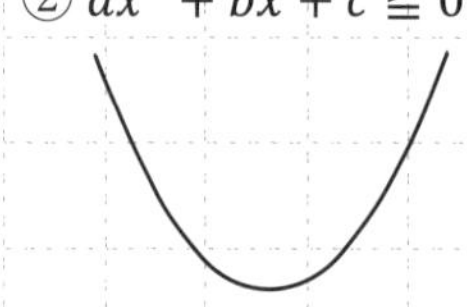

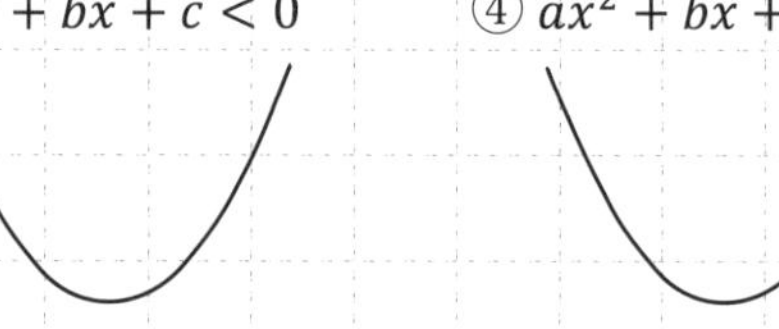

【Q】次の2次不等式を解きなさい。

(1) $x^2-3x+5>0$　　(2) $-x^2+4x-8\geqq 0$

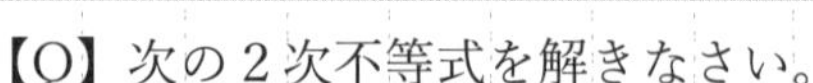

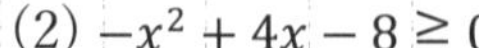

3-21　2次不等式（接する・共有点をもたない）

(1) 次の2次不等式を解きなさい。

① $x^2 - 2x + 1 > 0$

② $x^2 + 12x + 36 < 0$

③ $-x^2 + 10x - 25 \geqq 0$

④ $x^2 - 2x + 4 > 0$

⑤ $-3x^2 + x - 1 > 0$

⑥ $-x^2 + 3x - 3 \leqq 0$

⑦ $x^2 + 2 > 2\sqrt{2}x$

⑧ $(2x + 1)(x + 2) < (x - 1)(x + 4)$

(2) $x^2 - ax - 2a^2 < 0$ を解きなさい。☆

3-22 Check Point! 連立不等式

★ 連立不等式の解

連立不等式の解は，それぞれの不等式の　　　　　　のこと。

⇒ それぞれの不等式の解を数直線上にかき，　　　　　　が解になる。

例) $\begin{cases} x^2+2x-3 \geqq 0 \\ x^2-4x<0 \end{cases}$

x

【Q】次の連立不等式を解きなさい。

(1) $\begin{cases} 2x+1>0 \\ 2x^2+5x-3 \leqq 0 \end{cases}$

(2) $\begin{cases} x^2-4x+1 \geqq 0 \\ -x^2+7x-10>0 \end{cases}$

x

x

(3) $4x-6 \leqq 3x^2-5x \leqq 2x-2$

x

3-22 連立不等式

(1) 次の連立不等式を解きなさい。

① $\begin{cases} x-3<0 \\ x^2-3x-4 \leqq 0 \end{cases}$

② $\begin{cases} x^2+4x+3>0 \\ x^2+2x-3 \leqq 0 \end{cases}$

③ $\begin{cases} x^2-1>2x \\ 4x^2 \leqq 9-16x \end{cases}$

④ $2 \leqq x^2-x \leqq 4x-4$

(2) 右の図のように，放物線$y=-x^2+25$とx軸で囲まれた部分に，長方形ABCDを内接させる。

この長方形の周の長さが34以下であるとき，点A$(t,\ 0)$のtの範囲を求めよ。ただし，$t>0$とする。☆

第3章 2次関数

3-23 Check Point!

2次関数と x軸との共有点まとめ

★ 2次関数と x軸との共有点問題

「$y = ax^2 + bx + c$ のグラフと x軸との共有点の個数」や「$ax^2 + bx + c = 0$ の実数解の個数」の問題

⇒ 判別式　　　　　　　の符号で判断する。

$D = b^2 - 4ac$	$D > 0$	$D = 0$	$D < 0$
$ax^2 + bx + c = 0$ の実数解の個数			
$y = ax^2 + bx + c$ のグラフと x軸との共有点の個数			

【Q】次の問いに答えなさい。

(1) 2次方程式 $x^2 + 2mx - m + 2 = 0$ が実数解を持つとき，m の値の範囲を求めなさい。

(2) 2次関数 $y = x^2 - 6x + m^2$ のグラフが x軸と共有点をもたないとき，m の値の範囲を求めなさい。

(3) 2次関数 $y = x^2 - mx + 9$ のグラフが x軸と接するとき，m の値を求めなさい。

3-23　2次関数とx軸との共有点まとめ

(1) 2次関数 $y = x^2 + 8x + k^2 + 4$ のグラフが x軸と共有点をもたないとき，k の値の範囲を求めなさい。

(2) 2次方程式 $x^2 - 2kx + 4k - 3 = 0$ が重解をもつとき，k の値を求めなさい。

(3) 2次方程式 $x^2 - (k-3)x + k - 2 = 0$ が実数解をもつとき，k の値の範囲を求めなさい。

(4) $y = x^2 + kx - 2k$，$y = x^2 - kx + k^2 - 3$ のどちらも x軸と共有点がないときの kの値の範囲を求めよ。

3-24 Check Point! 解から２次不等式を求める ☆

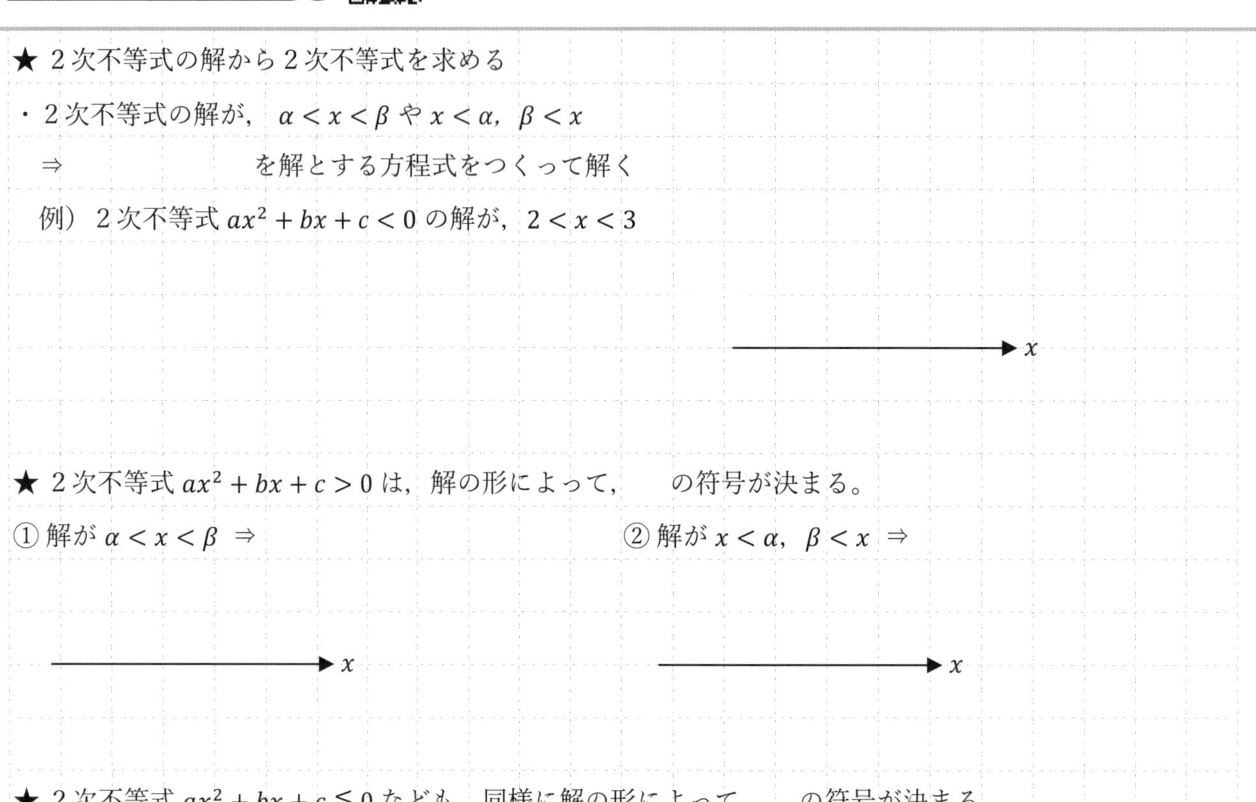

★ ２次不等式の解から２次不等式を求める

・２次不等式の解が，$\alpha < x < \beta$ や $x < \alpha$，$\beta < x$

　⇒　　　　　　　　を解とする方程式をつくって解く

　例）２次不等式 $ax^2 + bx + c < 0$ の解が，$2 < x < 3$

★ ２次不等式 $ax^2 + bx + c > 0$ は，解の形によって，　の符号が決まる。

① 解が $\alpha < x < \beta$ ⇒

② 解が $x < \alpha$，$\beta < x$ ⇒

★ ２次不等式 $ax^2 + bx + c \leqq 0$ なども，同様に解の形によって，　の符号が決まる。

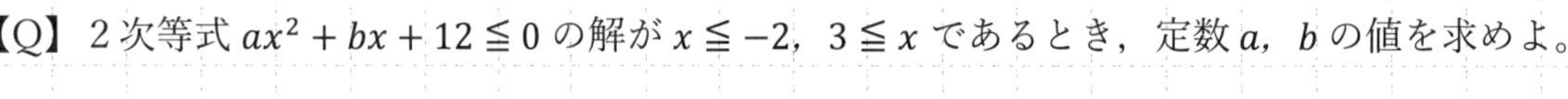

【Q】２次等式 $ax^2 + bx + 12 \leqq 0$ の解が $x \leqq -2$，$3 \leqq x$ であるとき，定数 a，b の値を求めよ。

Try Out!

3-24　解から２次不等式を求める ☆

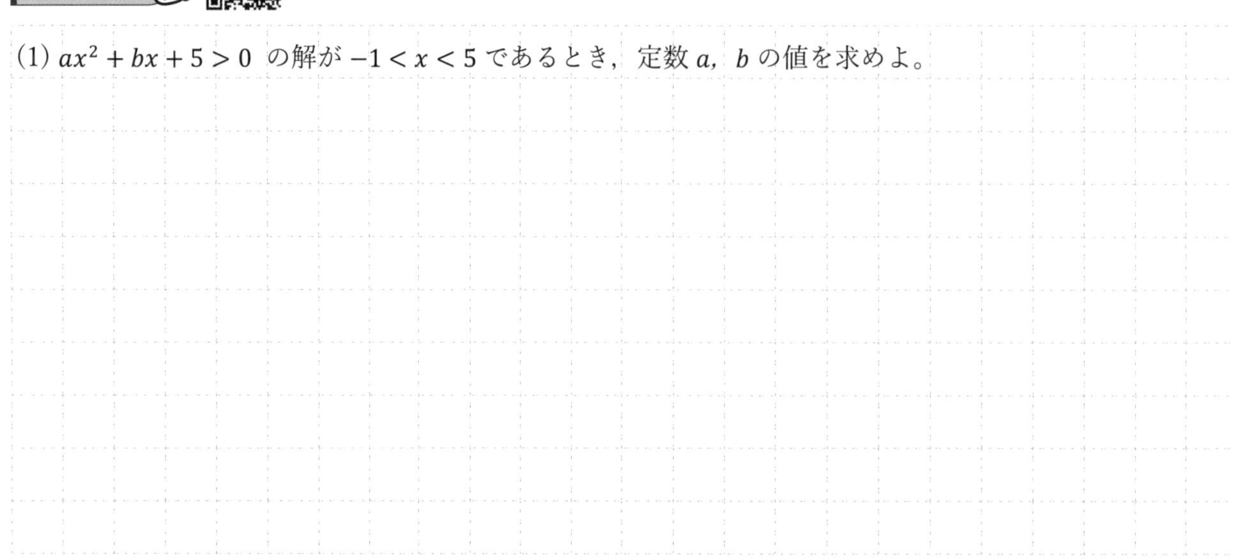

(1) $ax^2 + bx + 5 > 0$ の解が $-1 < x < 5$ であるとき，定数 a，b の値を求めよ。

3-25 Check Point!  絶対不等式 ☆

★ 絶対不等式：　　　　　　　　　の値でも成り立つ不等式

2 次関数 $y = ax^2 + bx + c$ において，y の値が常に正 ⟺
2 次不等式 $ax^2 + bx + c > 0$ の解がすべての実数

例）$y = x^2 + 2x + 5$ において，y の値が常に正

x

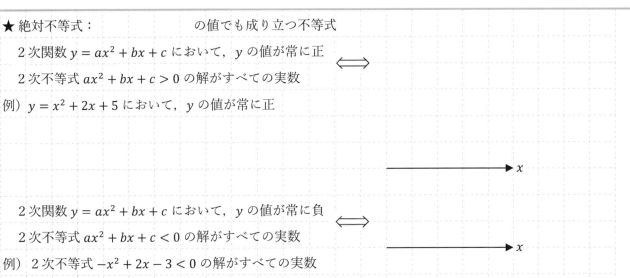

2 次関数 $y = ax^2 + bx + c$ において，y の値が常に負 ⟺
2 次不等式 $ax^2 + bx + c < 0$ の解がすべての実数

x

例）2 次不等式 $-x^2 + 2x - 3 < 0$ の解がすべての実数

【Q】次の問いに答えなさい。

(1) 2 次不等式 $x^2 + mx - m + 8 > 0$ の解がすべての実数であるとき，定数 m の値の範囲を求めなさい。

(2) 2 次関数 $y = mx^2 + 2x + 4m$ において，y の値が常に負であるとき，定数 m の値の範囲を求めなさい。

Try Out!

3-25　絶対不等式 ☆

(1) 2 次不等式 $x^2 + mx + m + 3 > 0$ の解がすべての実数であるとき，定数 m の値の範囲を求めなさい。

(2) 2 次関数 $y = mx^2 + 3x + m$ において，y の値が常に負であるとき，定数 m の値の範囲を求めなさい。

3-26 Check Point!  放物線が x軸の正と異なる２点で交わる条件 ☆

★ ２次関数 $f(x) = ax^2 + bx + c$ $(a > 0)$において，

$y = f(x)$のグラフが x軸の正の部分と異なる２点で交わるための条件

① ２点で交わる ⇒

② 少なくとも１つは正 ⇒

③ ２つとも正 ⇒

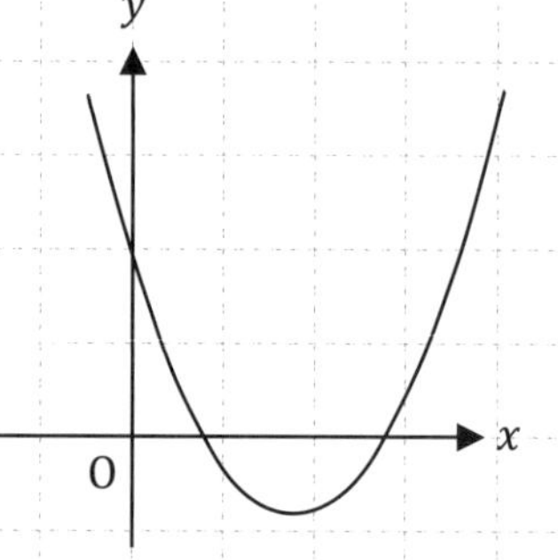

$y = f(x)$ のグラフが x軸の負の部分と異なる２点で交わるための条件

① ２点で交わる ⇒

② 少なくとも１つは負 ⇒

③ ２つとも負 ⇒

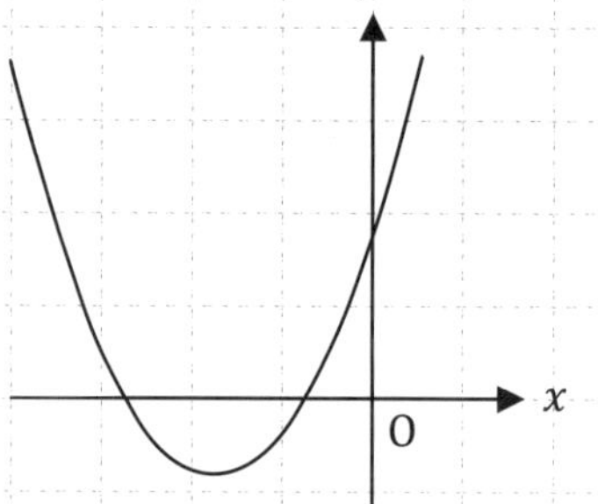

$y = f(x)$ のグラフが x軸の正の部分と負の部分で交わるための条件

① 正と負で交わる ⇒

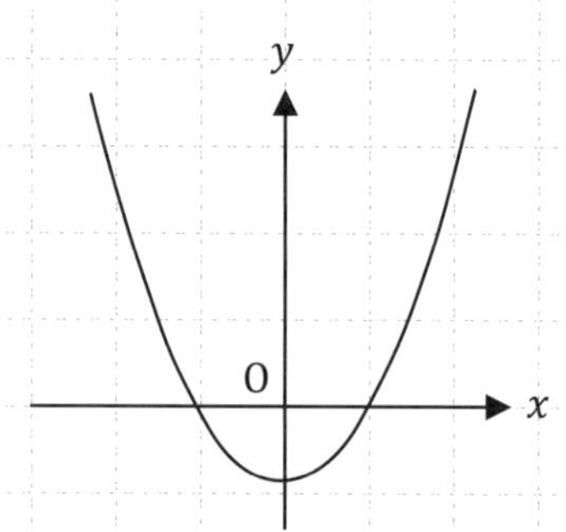

★ ２次方程式 $ax^2 + bx + c = 0$ の正負に関する解も同様にできる。

【Q】 ２次関数 $y = x^2 - 2mx - m + 2$ のグラフが x軸の正の部分と異なる２点で交わるとき，定数 m の値の範囲を求めなさい。

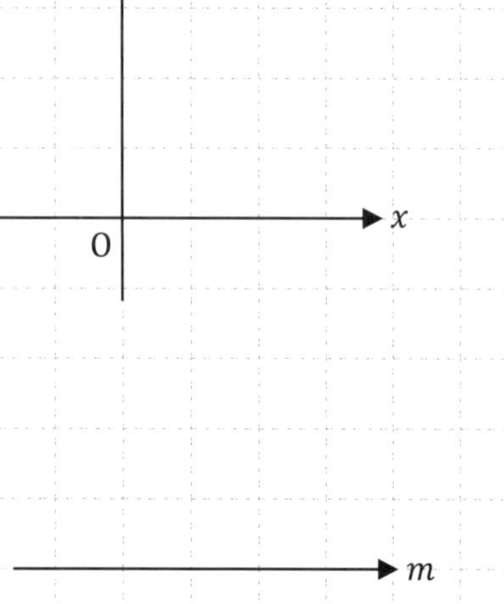

m

第3章 ２次関数

3-26　放物線がx軸の正と異なる２点で交わる条件☆

(1) ２次方程式 $x^2+2mx+2m+3=0$ が次のような実数の解をもつとき，定数 m の値の範囲を求めよ。

① 異なる２つの正の解

② 異なる２つの負の解

③ 異なる正と負の解

(2) $y=x^2-2mx+m+2$のグラフと x軸の $x>1$の部分で異なる２点で交わるように mの範囲を定めよ。

(3) $0 \leqq x \leqq 2$ の範囲において，常に $x^2-2ax+3a>0$ が成り立つように，定数 a の値の範囲を定めよ。

(4) $x^2-2ax+(a-1)^2=0$ の２つの実数解 α，β が $0<\alpha<1<\beta<2$のとき，a の範囲を定めよ。☆☆

3-27 Check Point! 絶対値を含む関数 ☆☆

★ 絶対値 $|x|$

$x \geqq 0$ のとき，$|x| =$　　　　　　$x < 0$ のとき，$|x| =$

例）$|3|$　　　　　$|-3|$

★ 絶対値を含む関数は　　　　　　をして，絶対値をはずす。

例）$y = |2x-2|$

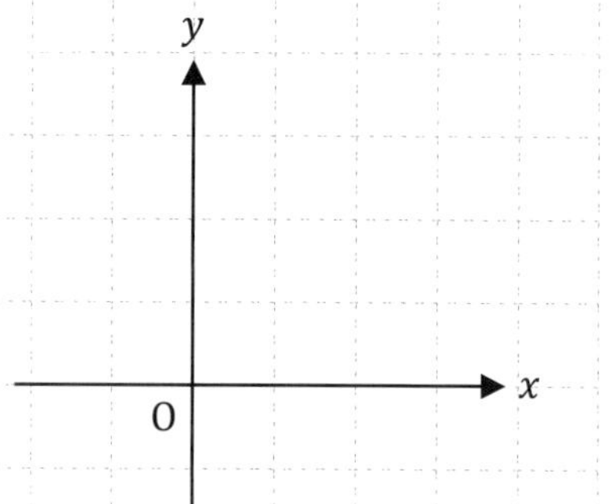

例）$y = |x| + |x-2|$

x					
$x-2$					

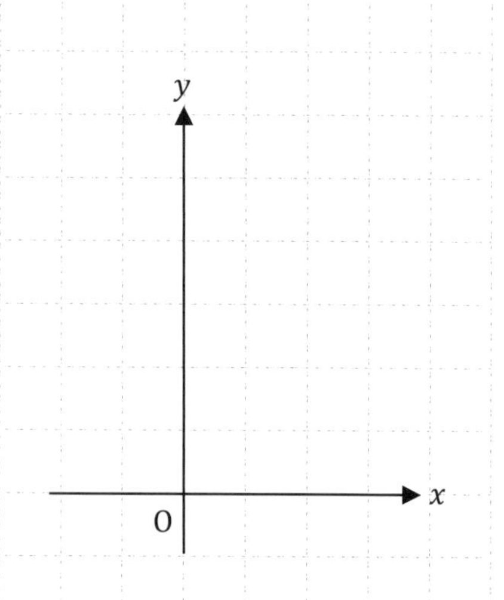

【Q】次の関数のグラフをかき，その値域を求めよ。

(1) $y = |x| - |2x-4|$　　　　　(2) $y = x^2 - 4|x| + 3$

x					
$2x-4$					

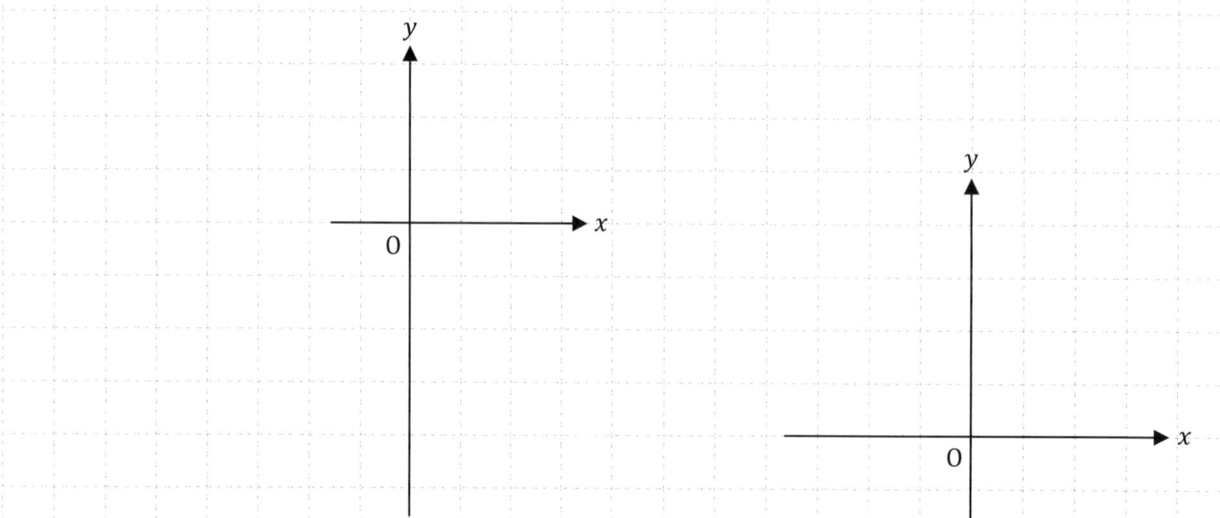

3-27　絶対値を含む関数 ☆☆

(1) 次の関数のグラフをかけ。

① $y = x + |2x|$　　② $y = x^2 - 2|x| + 1$

(2) $f(x) = |x^2 - x - 2| - x$ のグラフをかけ。

(3) 次の不等式を解け

① $|x + 2| < 3x$　　② $|x^2 - 3| > -2x$

(4) $|x^2 - 2x| = k$の実数解の個数は，定数 k の値によってどのように変わるか。

3-28 Check Point!  2次関数に関する応用問題 ☆☆

★ 応用問題を解くコツ。

① 定数が a などの文字のときは場合分けあり。特に　　　　などに気をつける。

例）関数 $y = ax^2 + 2x + 5$

② 図形問題は図形をかく。

例）直角三角形があれば　　　　　　　　を利用。相似の図形があれば，　　を利用など。

③ 分からない値は全て文字に置き換える。その後文字減らし。

未定数の数だけの条件がなければ解けない。つまり，それだけの条件を見つけて文字を減らす。

④ 文字の置き換えは，範囲の制限がつきやすいので気をつける。

例）$x^2 + y^2 = 1$ のとき，$z = x + 2y^2$ の最小値

【Q】次の問いに答えなさい。

(1) BC=12，CA=6 の直角三角形 ABC があり，斜辺 AB から BC と CA に垂線 DE と DF を引く。
四角形 DECF の面積が最大となる線分 DE の長さとそのときの面積を求めよ。

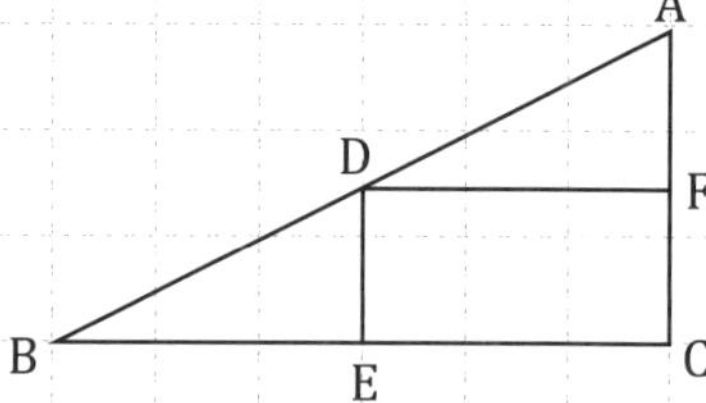

(2) 次の不等式を解きなさい。

① $x^2 - (a + 2)x + 2a < 0$

② また，その2次不等式を満たす整数 x がちょうど2個のときの a の値の範囲を定めよ。

第3章 2次関数

3-28　2次関数に関する応用問題☆☆

(1) 斜辺が $8\sqrt{2}$cm である直角二等辺三角形 ABC の辺上に頂点をもつ長方形 PQCR を作る。
PR を x としたとき，長方形の面積が $7cm^2$ 以上 $12cm^2$ 以下となるときの x の範囲を求めよ。

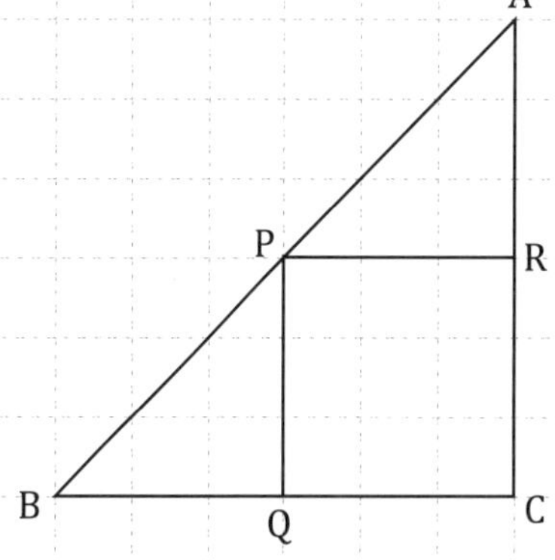

(2) $x^2+2y^2=1$ のとき，$2x+4y^2$ の最大値と最小値を求めよ。

(3) $x^2-(a+1)x+a<0$，$2x^2+x-1>0$ を同時に満たす整数 x がちょうど3つ存在するような定数 a の値の範囲を求めよ。

High School
Mathematics I

第4章

図形と計量

4-1 Check Point! 三角比

★ 三角比：　　　　によって定まる直角三角形の２辺の

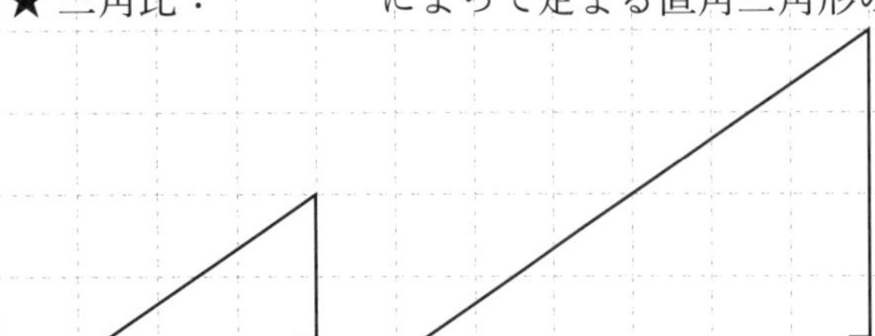

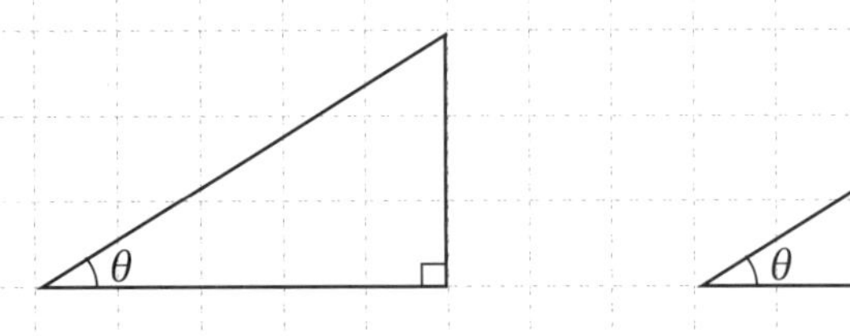

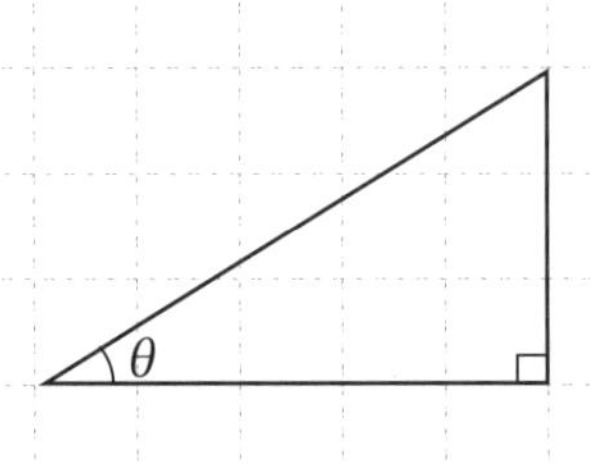

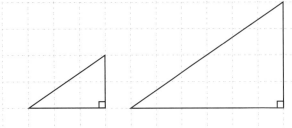

【Q】下の図において，tan A，cos A，sin A の値をそれぞれ求めなさい。

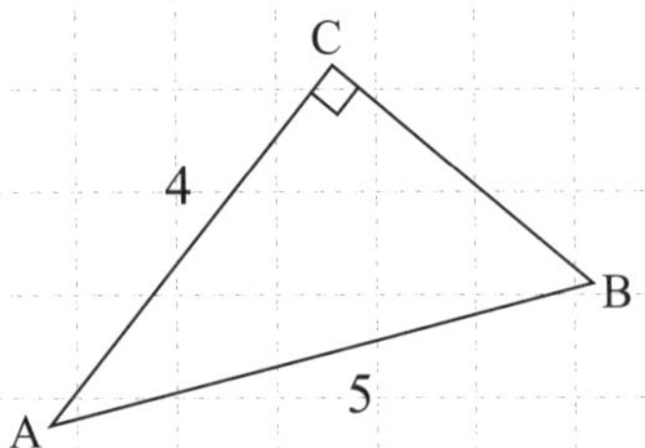

★ 特別な角の三角比 30°，45°，60° の三角比の値

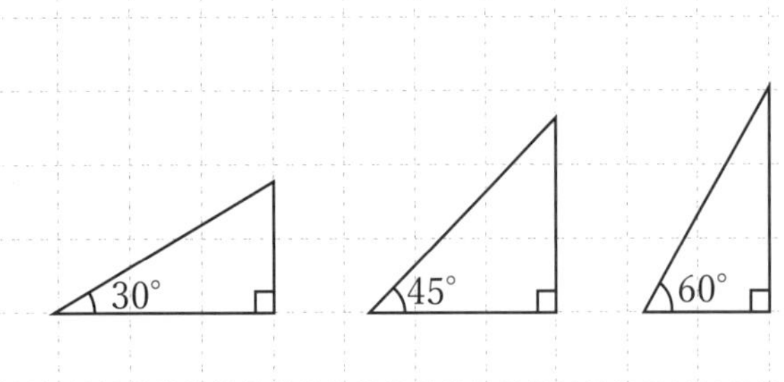

	30°	45°	60°
sin			
cos			
tan			

【Q】次の値を答えなさい。

(1) sin45°　　(2) tan60°　　(3) cos30°

(4) tan45°　　(5) cos45°　　(6) sin60°

4-1 三角比

(1) 下の図において， tan A， sin A， cos A の値をそれぞれ求めなさい。

①

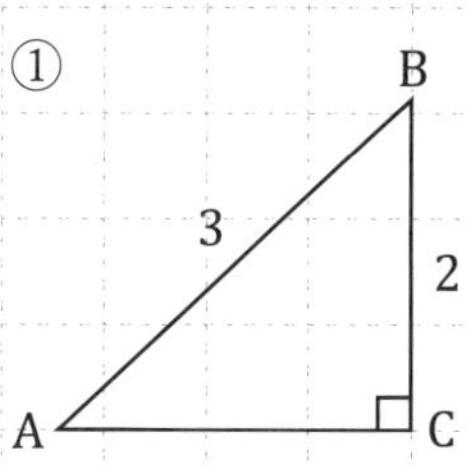

②

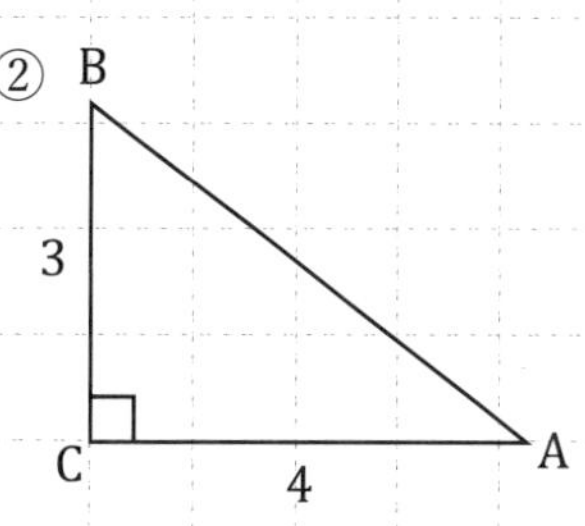

③

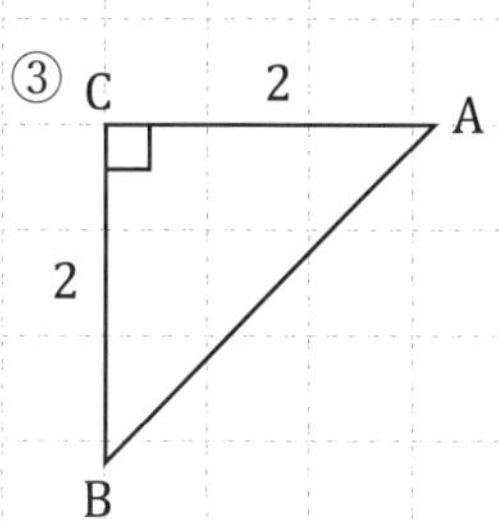

④

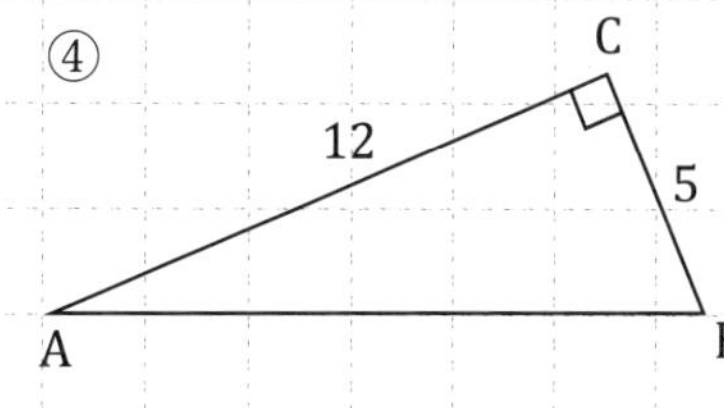

(2) 次の値を答えなさい。

① sin45°　② tan60°　③ cos30°

④ tan45°　⑤ cos45°　⑥ sin60°

⑦ sin30°　⑧ cos60°　⑨ tan30°

4-2 Check Point!  三角比の表

★ 角の大きさが決まると，　　　　　の値も決まる。

★ 30°，45°，60°以外の三角比は，下のような三角比の表を利用する。

θ	sin θ	cos θ	tan θ
36°	0.5878	0.8090	0.7265
37°	0.6018	0.7986	0.7536
38°	0.6157	0.7880	0.7813

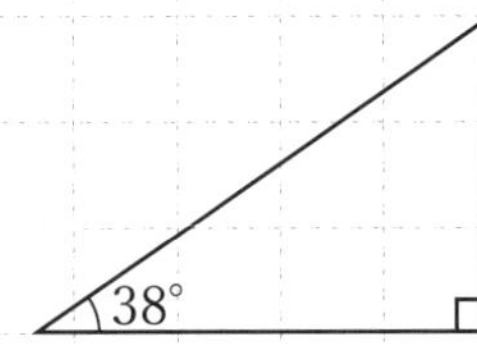

tan38°　　　　cos38°　　　　sin38°

【Q】次の問いに答えなさい。

θ	sin θ	cos θ	tan θ
36°	0.5878	0.8090	0.7265
37°	0.6018	0.7986	0.7536
38°	0.6157	0.7880	0.7813
70°	0.9397	0.3420	2.7475
71°	0.9455	0.3256	2.9042
72°	0.9511	0.3090	3.0777

(1) 次の値を，上の三角比の表から求めなさい。

① sin37°　　② cos70°　　③ tan71°

(2) 下の図における∠A の大きさを，上の三角比の表を使って求めなさい。

①

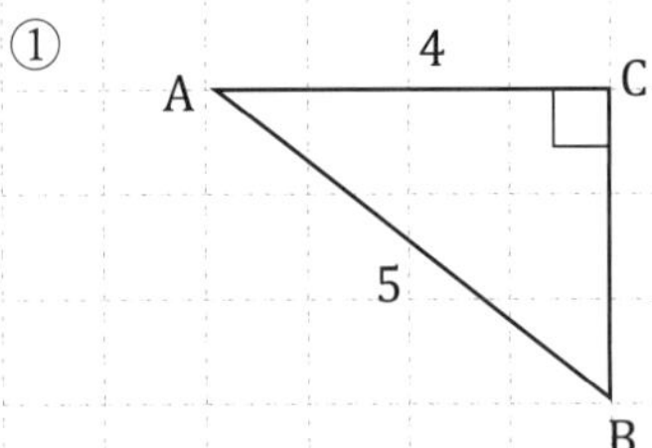

②

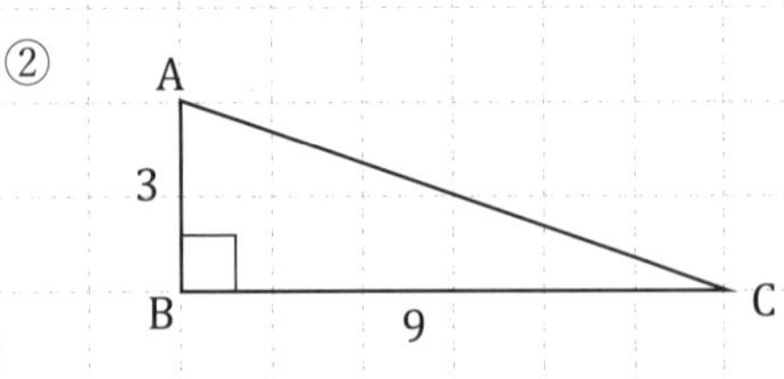

(1) 次の値を，三角比の表から求めなさい。

① sin32°　　② cos39°　　③ tan33°

④ sin40°　　⑤ cos30°　　⑥ tan35°

θ	$\sin\theta$	$\cos\theta$	$\tan\theta$
30°	0.5000	0.8660	0.5774
31°	0.5150	0.8572	0.6009
32°	0.5299	0.8480	0.6249
33°	0.5446	0.8387	0.6494
34°	0.5592	0.8290	0.6745
35°	0.5736	0.8192	0.7002
36°	0.5878	0.8090	0.7265
37°	0.6018	0.7986	0.7536
38°	0.6157	0.7880	0.7813
39°	0.6293	0.7771	0.8098
40°	0.6428	0.7660	0.8391

(2) 次のような鋭角 θ のおおよその大きさを，三角比の表を用いて求めよ。

① $\sin\theta=0.57$　　② $\cos\theta=0.77$　　③ $\tan\theta=0.75$

(3) 下の図における∠A の大きさを 上の三角比の表を使って求めなさい。

①

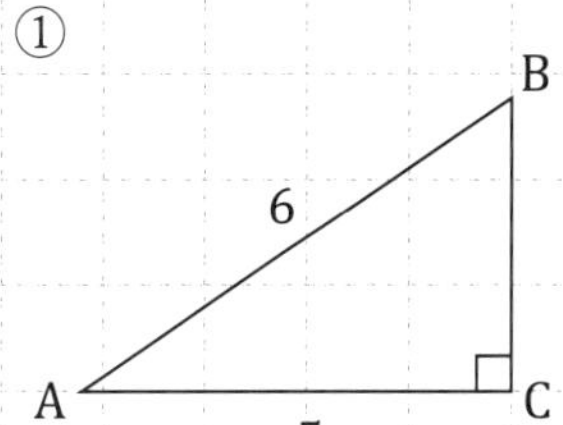

②

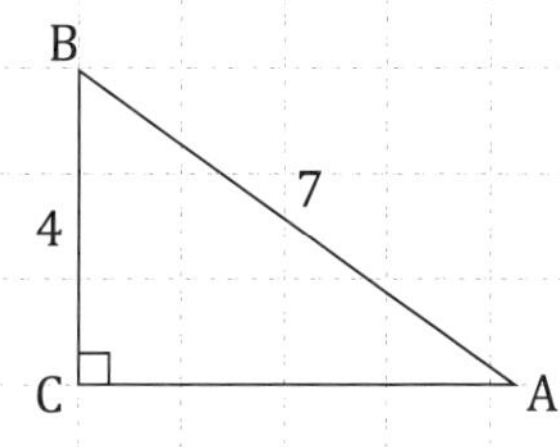

③

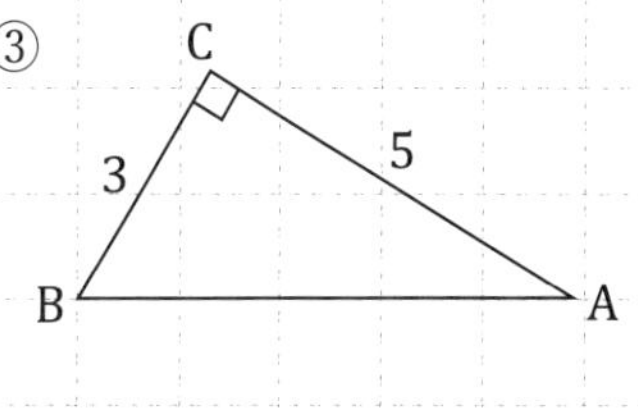

4-3 Check Point! 三角比と辺の長さ

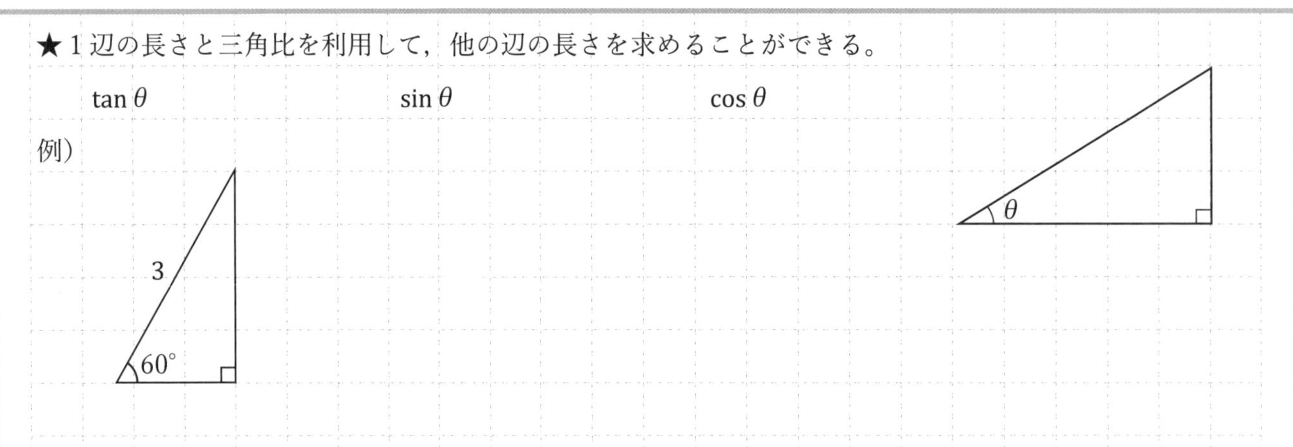

★ 1 辺の長さと三角比を利用して，他の辺の長さを求めることができる。

$\tan\theta$　　　　$\sin\theta$　　　　$\cos\theta$

例）

【Q】下の図において，x，y の値を求めなさい。三角比の表を用いてもよい。（小数第 1 位まで求めよ）

(1)

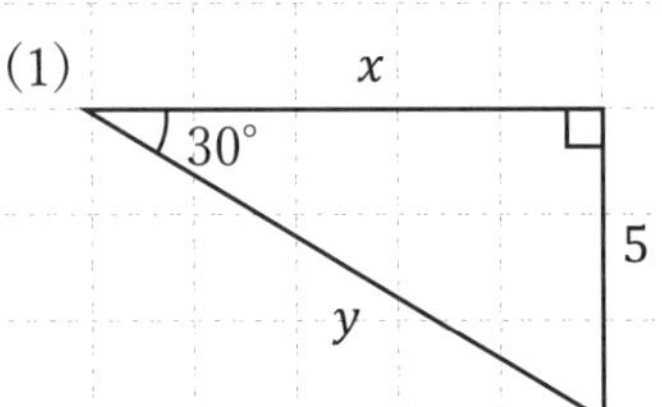

(2)

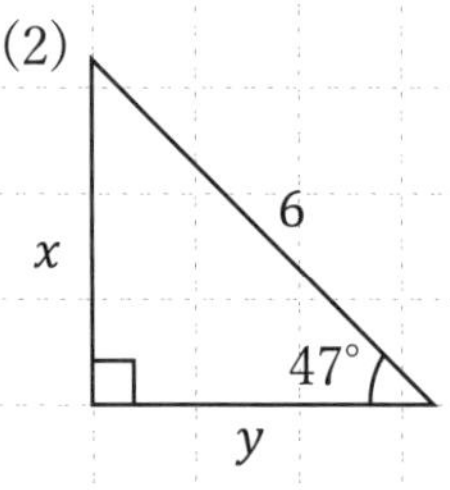

θ	$\sin\theta$	$\cos\theta$	$\tan\theta$
47°	0.7314	0.6820	1.0724

★ 30°，45°，60° の直角三角形の辺の長さは，辺の比や三角比の値を使って求める。

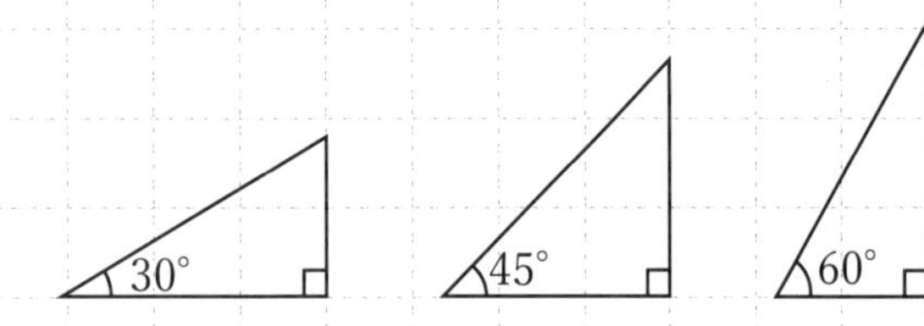

【Q】下の図において，次の長さを求めなさい。

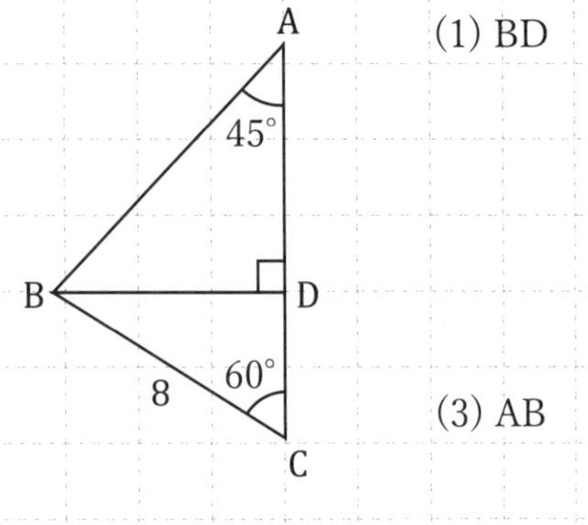

(1) BD

(2) AC

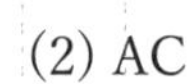

(3) AB

第4章　図形と計量

Try Out!

(1) 下の図において，x，y の値を求めなさい。三角比の表を用いてもよい。（小数第１位まで求めよ）

①

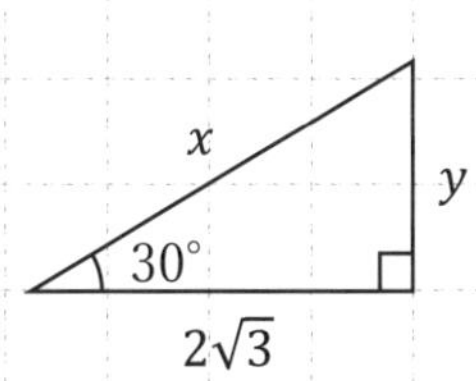

②

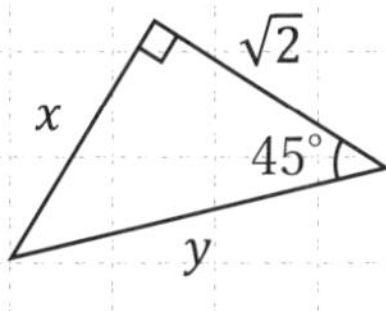

③

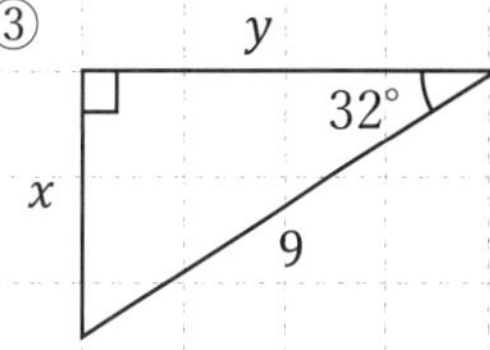

θ	$\sin\theta$	$\cos\theta$	$\tan\theta$
32°	0.5299	0.8480	0.6249

(2) 右の図において，次の長さを求めなさい。

① CD

C
45°
2
A
30°
D
B

② AC

③ AB

(3) 下の図において，BC の長さを求めなさい。

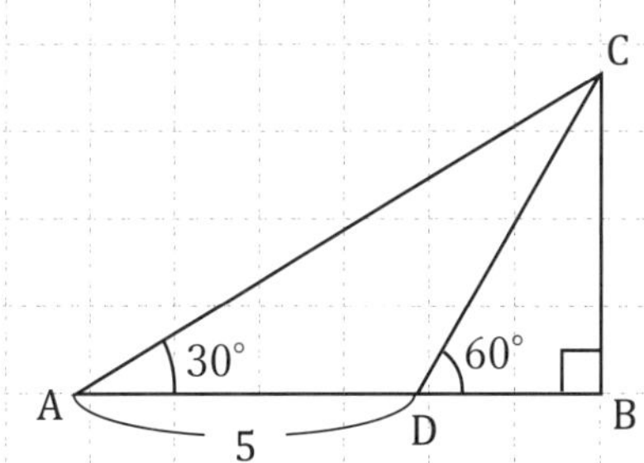

(4) 右の図において，次の長さを求めなさい。☆

① CD

② AC

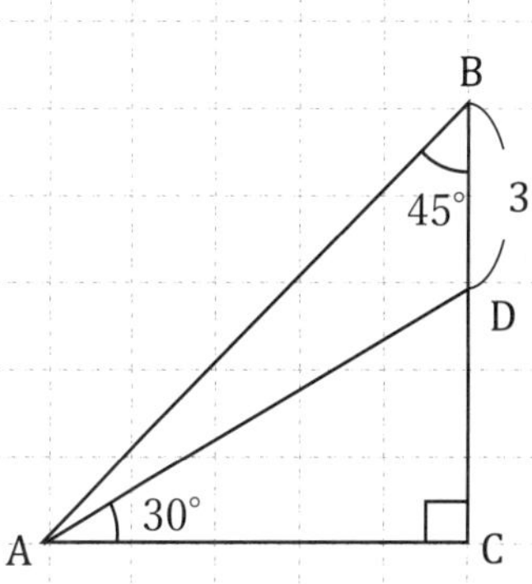

4-4 Check Point!  三角比と辺の長さの利用

★ 図形に関する問題は，　　　をかいて考える。

建物から水平に 20m 離れた地点に立って建物の先端を見上げると，水平面とのなす角が 32° であった。目の高さを 1.5m として，建物の高さを求めなさい。

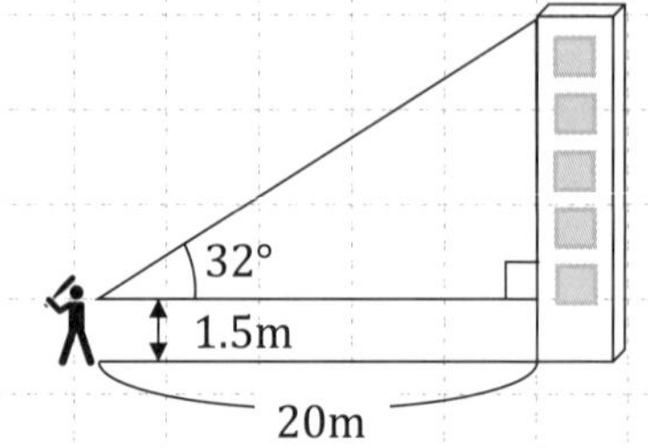

θ	$\sin\theta$	$\cos\theta$	$\tan\theta$
32°	0.5299	0.8480	0.6249

【Q】次の問いに答えなさい。

(1) 木の高さを知るために，木の前方の地点 A から木の頂点の仰角が 30°，

A から木に向かって 10m 近づいた地点 B からの仰角が 45° であった。木の高さを求めよ。☆

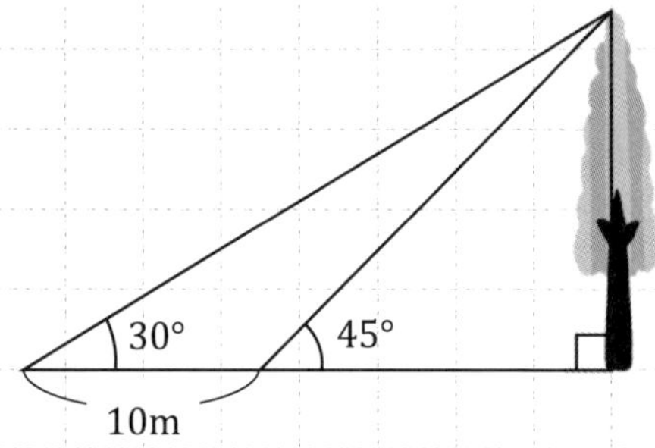

(2) 頂角 A が 36° の二等辺三角形 ABC がある。これの底角 B の二等分線と辺 AC の交点を D とする。

① BC = 1 のとき，線分 DC，AB の長さを求めよ。☆

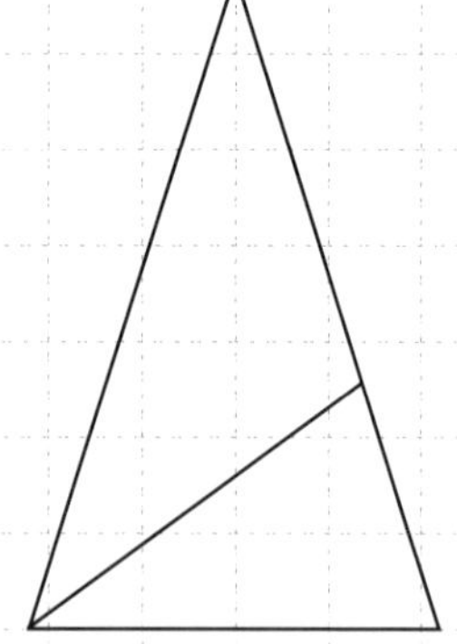

② cos36° の値を求めよ。

第4章　図形と計量

(1) 木の根もとから水平に 10m 離れた地点に立って木の先端を見上げると，水平面とのなす角が 35° であった。目の高さを 1.5m として，木の高さを求めなさい。ただし，小数第 1 位まで求めなさい。

θ	$\sin\theta$	$\cos\theta$	$\tan\theta$
35°	0.5736	0.8192	0.7002

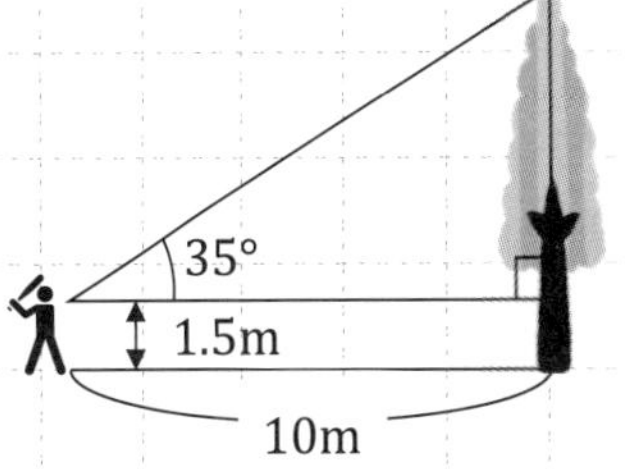

(2) 頂角 A が 36° の二等辺三角形 ABC がある。これの底角 B の二等分線と辺 AC の交点を D とする。

① BC = 2 のとき，線分 DC，AB の長さを求めよ。☆

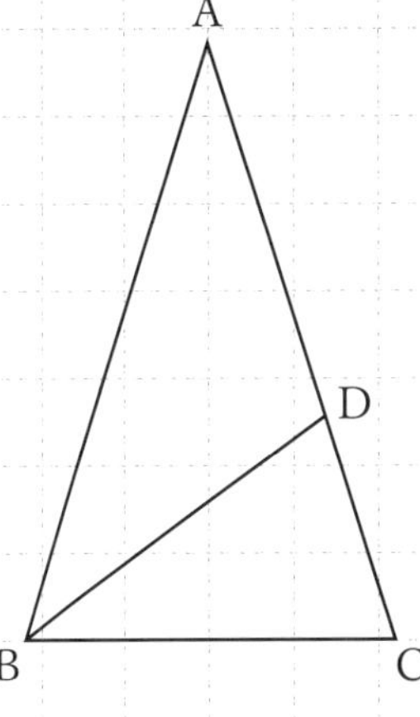

② sin18° を求めよ。

(3) 建物の高さ CD を測るために，地点 C の真南 A から屋上 D の仰角は 30° であった。真東 B から D の仰角は 45° であった。AB 間の距離は 10mである。建物の高さを求めよ。☆

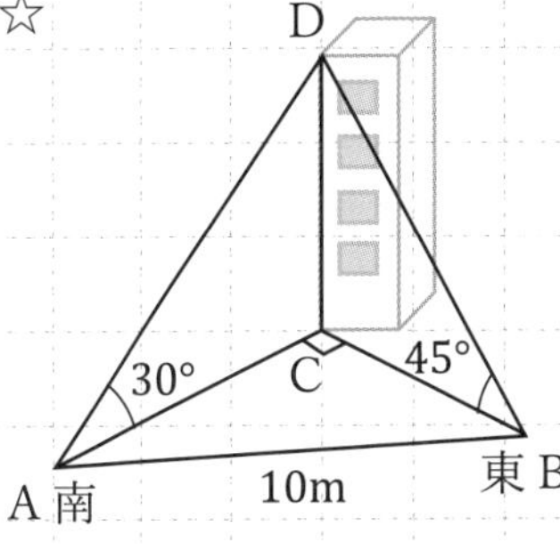

第4章　図形と計量

4-5 Check Point!  $90° - \theta$ の三角比

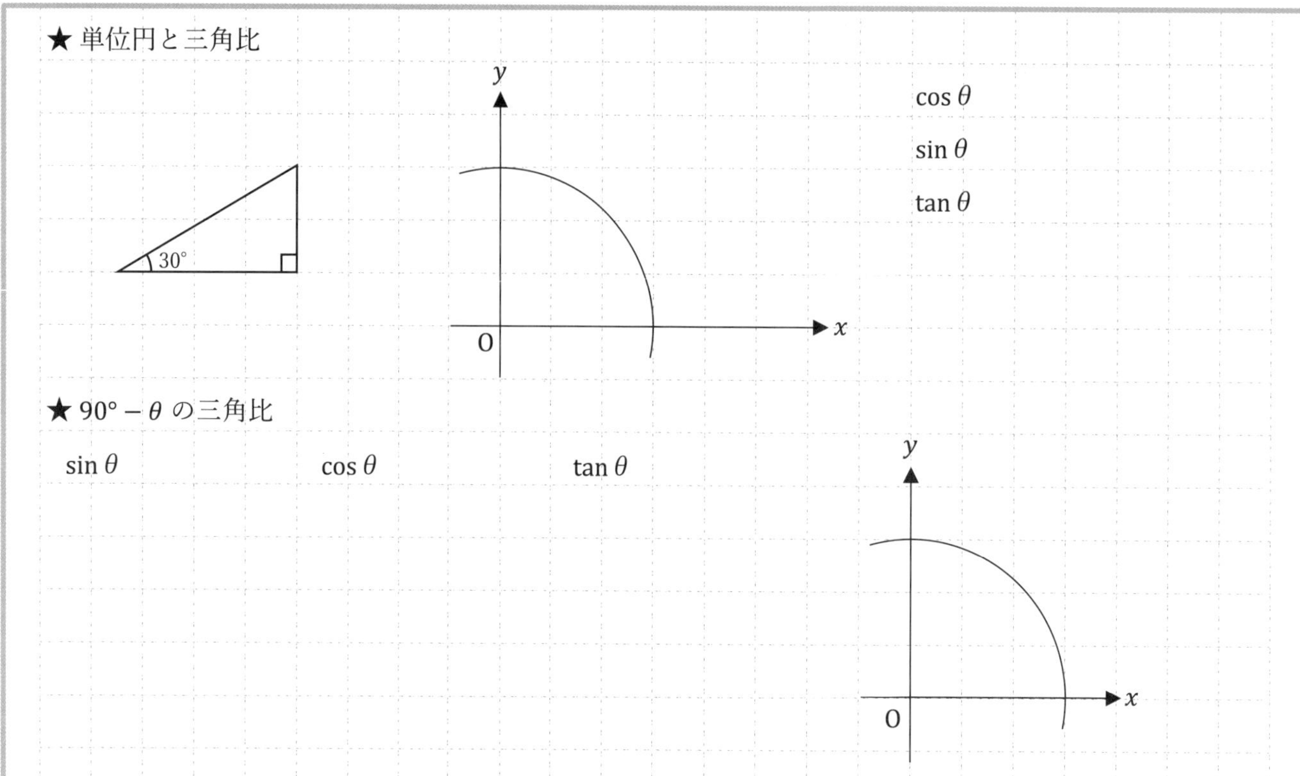

【Q】sin61°，cos61°，tan61° を 45° 以下の角の三角比で表しなさい。

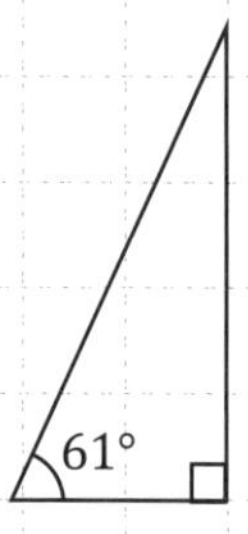

Try Out!

次の三角比を 45° 以下の角の三角比で表しなさい。

(1) sin49°　　(2) cos63°　　(3) tan75°

(4) sin53°　　(5) cos89°　　(6) tan47°

4-6 Check Point!  三角比の相互関係

★ $(\sin\theta)^2 =$ 　　　　と書くこととする。

★ 三角比の相互関係

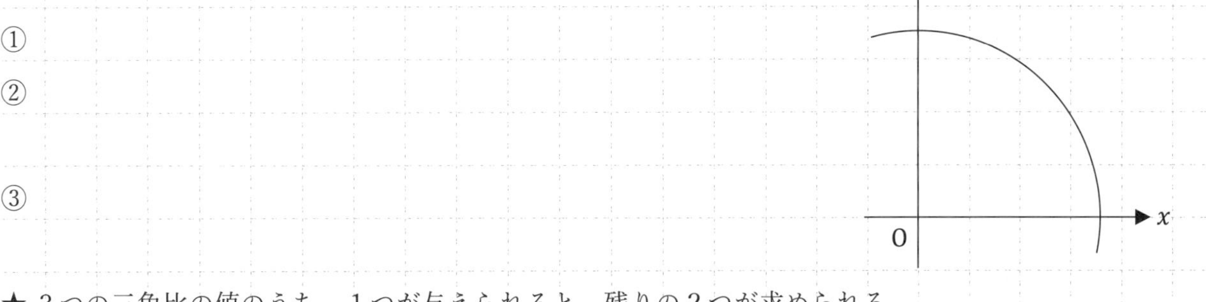

★ 3つの三角比の値のうち，1つが与えられると，残りの2つが求められる。

$\sin\theta$ ⇒ 初めに，　　　　　　を使って $\cos\theta$ を求める。

⇒ 次に，　　　　　　を使って $\tan\theta$ を求める。

$\cos\theta$ ⇒ 初めに，　　　　　　を使って $\sin\theta$ を求める。

⇒ 次に，　　　　　　を使って $\tan\theta$ を求める。

$\tan\theta$ ⇒ 初めに，　　　　　　を使って $\cos\theta$ を求める。

⇒ 次に，　　　　　　を使って $\sin\theta$ を求める。

【Q】次の問いに答えなさい。

(1) $\sin\theta = \dfrac{3}{5}$ のとき，$\cos\theta$ と $\tan\theta$ の値を求めなさい。ただし，θ は鋭角とする。

(2) $\tan\theta = \sqrt{3}$ のとき，$\cos\theta$ と $\sin\theta$ の値を求めなさい。ただし，θ は鋭角とする。

(3) 次の式を計算しなさい。

① $\cos 10° \sin 10° (\tan 10° + \tan 80°)$

② $(\sin\theta + \cos\theta)^2 + (\sin\theta - \cos\theta)^2$

(1) θ は鋭角とする。$\sin\theta$，$\cos\theta$，$\tan\theta$ のうち，1つが次の値をとるとき，他の2つの値を求めなさい。

① $\sin\theta = \dfrac{1}{2}$　　② $\cos\theta = \dfrac{1}{3}$　　③ $\tan\theta = 1$

(2) 次の式の値を求めよ。☆

① $(\sin 20° + \cos 20°)^2 + (\sin 70° - \cos 70°)^2$　　② $(1 + \sin\theta)(1 - \sin\theta) - \dfrac{1}{1 + \tan^2\theta}$

(3) △ABC の∠A，∠B，∠C の大きさを A，B，C で表すとき、

$\left(1 + \tan^2\dfrac{A}{2}\right)\sin^2\dfrac{B+C}{2} = 1$ が成り立つことを証明せよ。☆☆

4-7 Check Point!  鈍角の三角比

★ $0° \leqq \theta \leqq 180°$ の三角比の定義

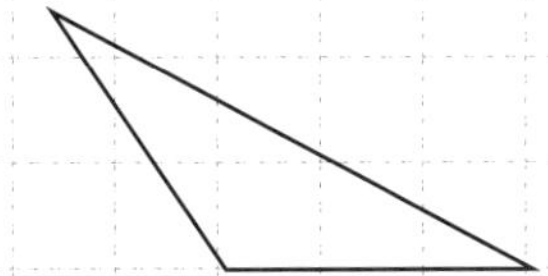

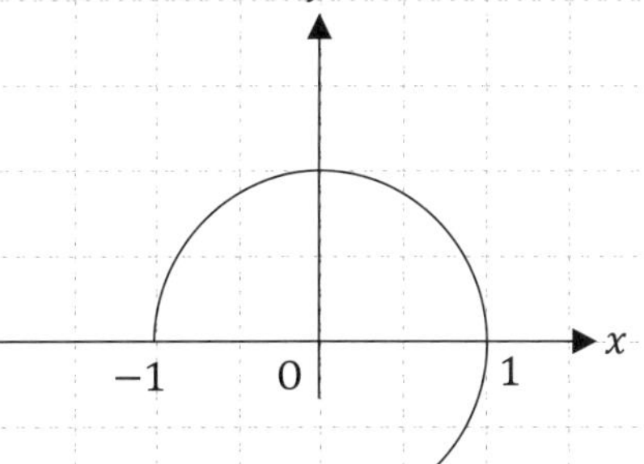

・半径と点 P の座標 $(x,\ y)$ を用いて次の式で定義する。

$\sin\theta =$　　　　$\cos\theta =$　　　　$\tan\theta =$

例）60°

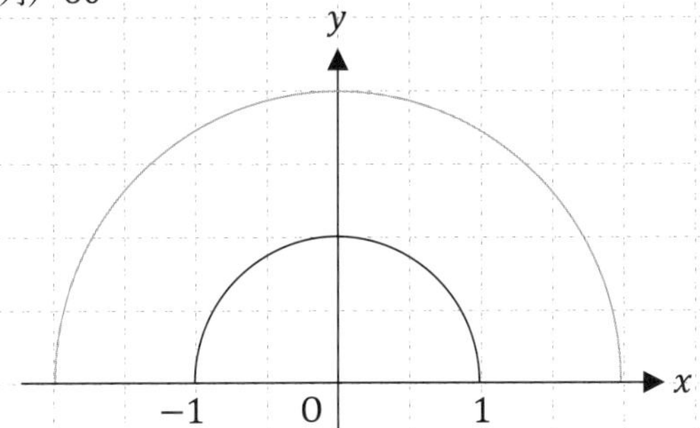

135°

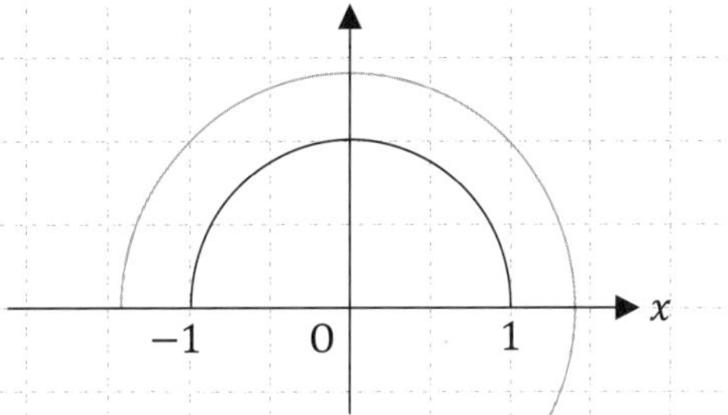

★ 0°，90°，180°の三角比

sin 0°　　　sin 90°　　　sin 180°

cos 0°　　　cos 90°　　　cos 180°

tan 0°　　　tan 90°　　　tan 180°

y

x

0

★ 三角比の値の範囲

$0° \leqq \theta \leqq 180°$のとき，　　$\leqq \sin\theta \leqq$　　，　　$\leqq \cos\theta \leqq$

$\tan\theta$ はすべての実数値をとる。（ただし，　　　　　は定義されない）

【Q】次の問いに答えなさい。

(1) 150° の正弦，余弦，正接の値を求めなさい。

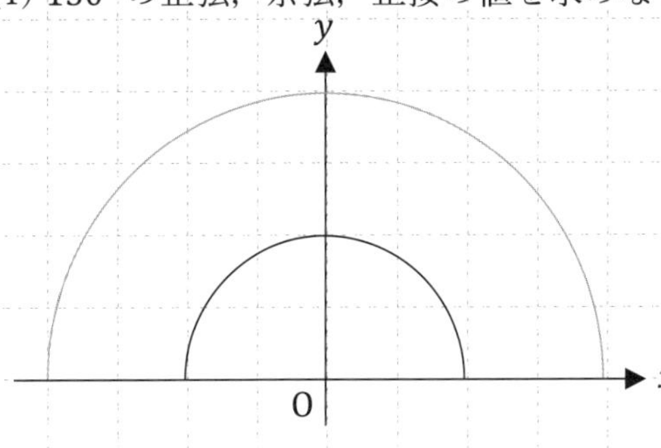

sin 150°　　　cos 150°　　　tan 150°

(2) $0° \leqq \theta \leqq 180°$とするとき，$\sin\theta\cos\theta > 0$ を満たす角 θ は，鋭角，鈍角のどちらか答えなさい。

(1) 次の図の $(x,\ y)$ の座標を求め，正弦，余弦，正接の値を求めなさい。

① 30°

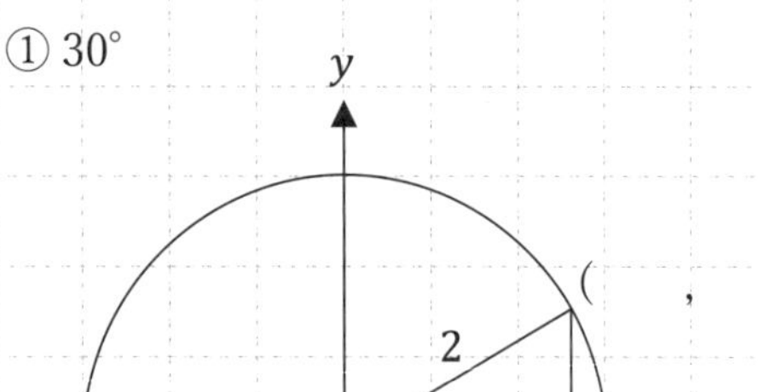

② 135°

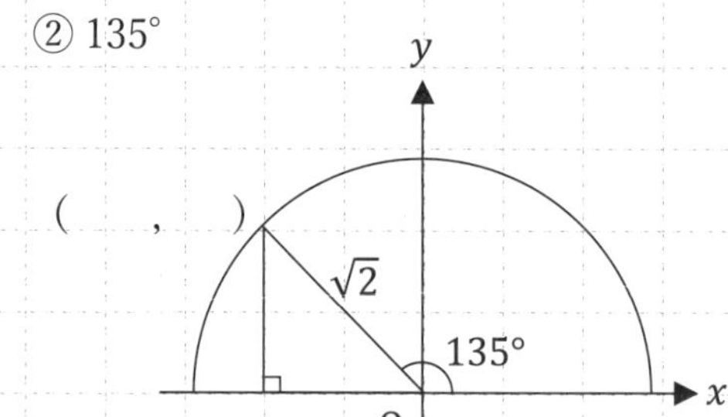

(2) 次の表の空欄に三角比の値を入れなさい。

θ	0°	30°	45°	60°	90°	120°	135°	150°	180°
$\sin\theta$									
$\cos\theta$									
$\tan\theta$									

(3) $0° \leqq \theta \leqq 180°$とする。次の条件を満たす角 θ は鋭角，鈍角のどちらか答えなさい。

① $\cos\theta < 0$　　② $\tan\theta < 0$　　③ $\sin\theta\cos\theta < 0$

第4章　図形と計量

4-8 Check Point!  180° − θ の三角比

★ 鈍角の三角比を鋭角の三角比で表す

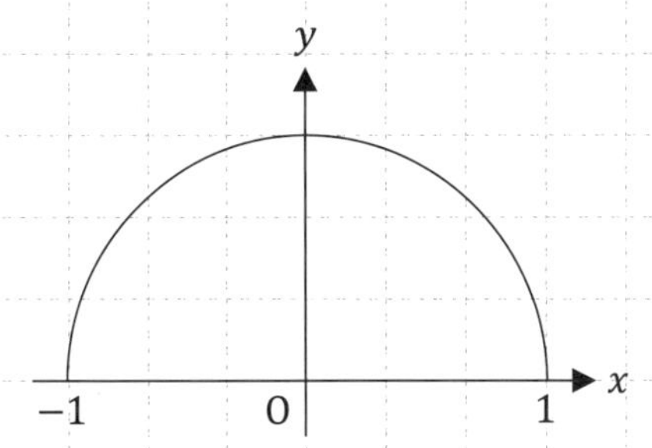

$\sin\theta =$

$\cos\theta =$

$\tan\theta =$

★ 鈍角の三角比の表はないので, 　　　　の三角比で表して求める。

★ 鈍角の三角比を鋭角の三角比で表すときは, 　　　をかいて考える。

【Q】次の問いに答えなさい。

(1) 次の三角比の値を, 三角比の表を用いて求めなさい。

① cos148°　　　② tan147°

θ	$\sin\theta$	$\cos\theta$	$\tan\theta$
32°	0.5299	0.8480	0.6249
33°	0.5446	0.8387	0.6494

(2) sin128° を 45° 以下の三角比で表しなさい。

Try Out!

4-8　180° − θ の三角比

(1) 次の三角比を鋭角の三角比で表しなさい。

① sin135°　　　② cos125°　　　③ tan135°

(2) 次の三角比を 45° 以下の角の三角比で表しなさい。

① sin128°　　　② cos123°　　　③ tan115°

(3) $\sin75° + \sin120° + \cos165° - \cos150°$ の値を求めよ。☆

4-9 Check Point! 三角比をふくむ式から角を求める

★三角比をふくむ式から角を求める問題を解く手順

① 与えられた式を，$\sin\theta$ = 数字（$\cos\theta$ = 数字，$\tan\theta$ = 数字）の形に変形する。

② 原点を中心とする　　　　　の円をかいて考える。角度の答えは　　　の倍数または　　　の倍数。

$\sin\theta$ は、単位円の　　座標　　　　$\cos\theta$ は単位円の　　座標　　　　$\tan\theta$ は

$\sin\theta = \frac{1}{2}$　　　　$\cos\theta = -\frac{1}{2}$　　　　$\tan\theta = 1$

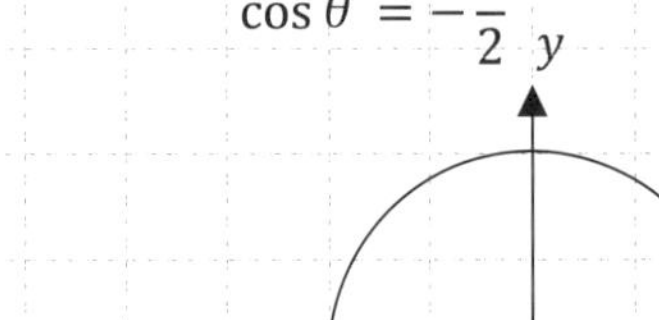

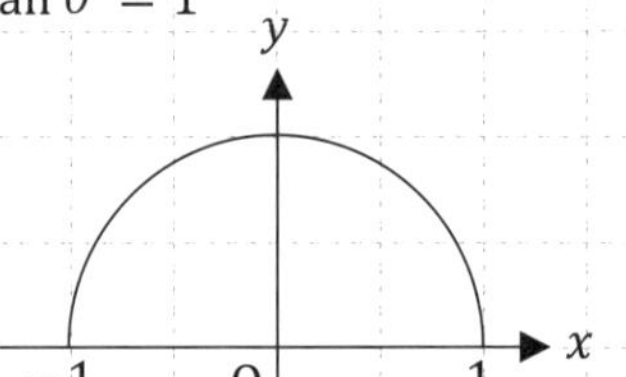

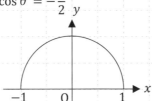

【Q】$0° \leqq \theta \leqq 180°$のとき，次の式を満たす$\theta$の値を求めなさい。

(1) $\sin\theta = \frac{\sqrt{3}}{2}$　　　　(2) $2\cos\theta - 1 = 0$　　　　(3) $\sqrt{3}\tan\theta = -3$

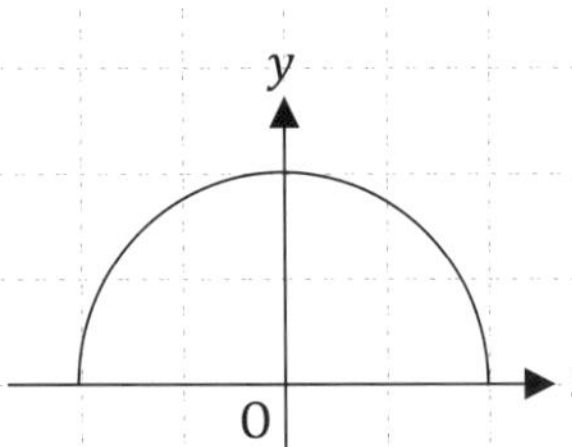

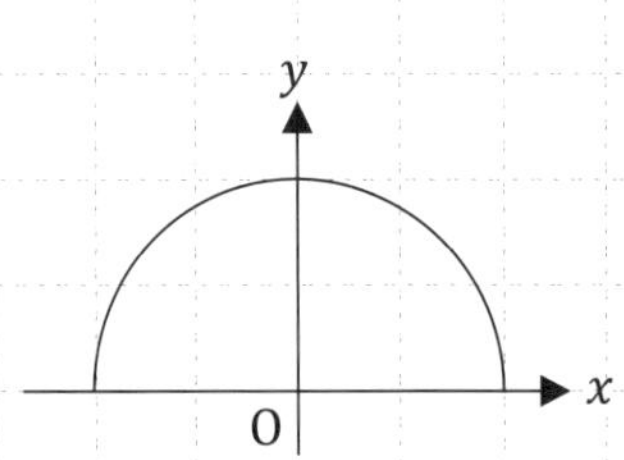

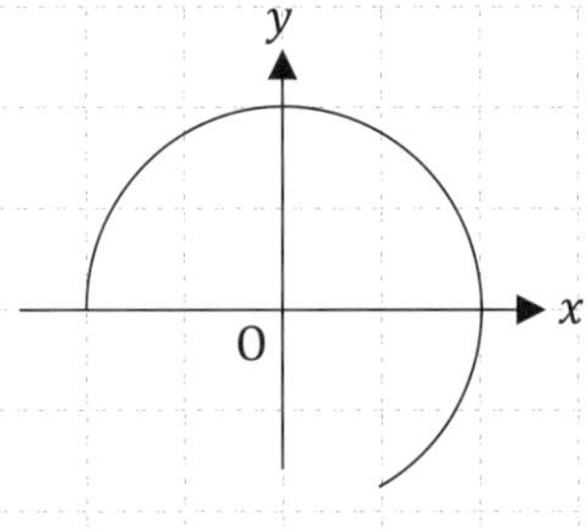

Try Out!

4-9　三角比をふくむ式から角を求める

$0° \leqq \theta \leqq 180°$のとき，次の式を満たす$\theta$の値を求めなさい。

(1) $\sin\theta = 1$　　　　(2) $\cos\theta = -1$　　　　(3) $\tan\theta = \sqrt{3}$

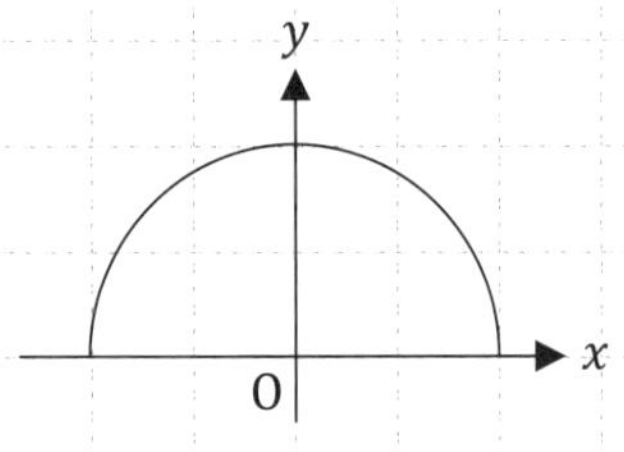

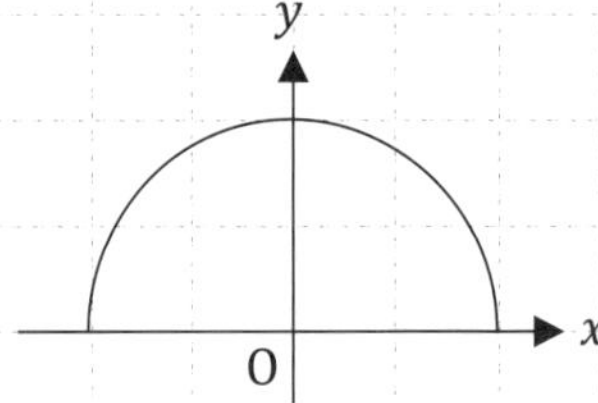

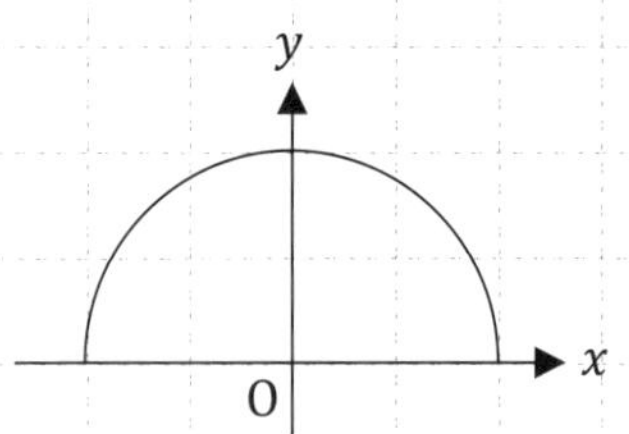

(4) $2\sin\theta = \sqrt{2}$　　　　(5) $2\cos\theta + 1 = 0$　　　　(6) $\sqrt{3}\tan\theta + 1 = 0$

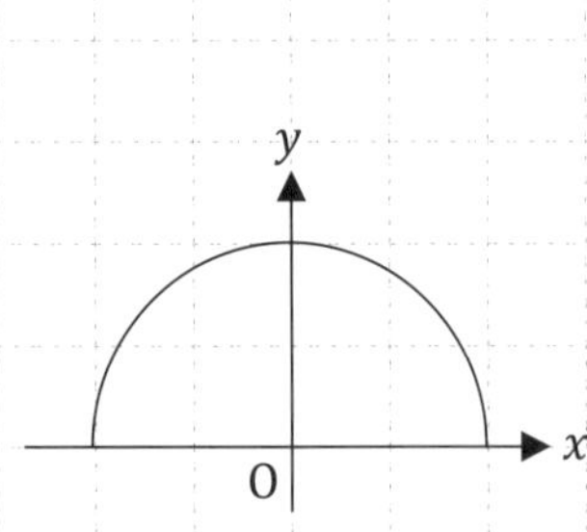

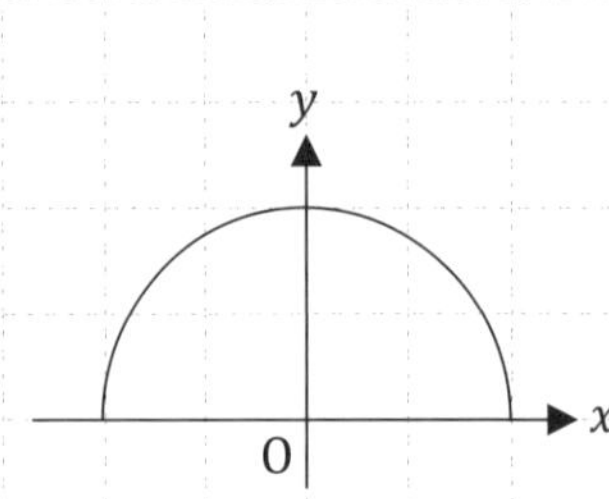

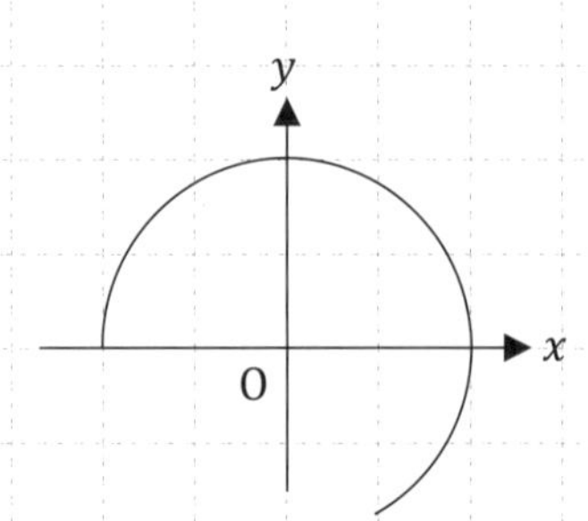

4-10 Check Point! 直線のなす角

★ 直線のなす角

x軸の正から，反時計まわりに直線 $y = mx$ までの角を，

直線　　　　　　　と　　　　　の正の向きとのなす角という。

$\tan\theta =$

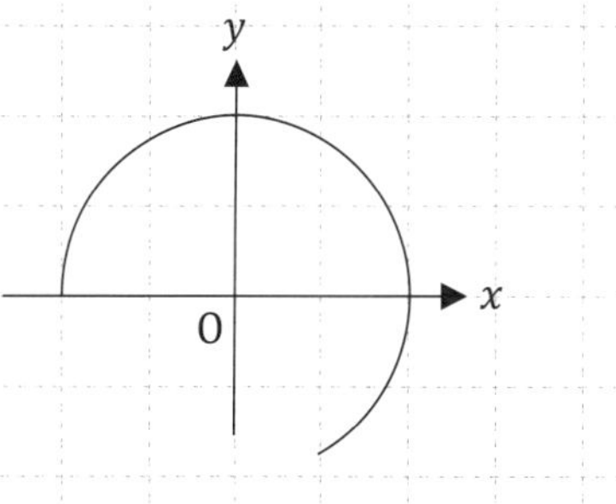

★ 2 直線のなす角

2 直線のなす角 $\beta =$

【Q】次の問いに答えなさい。

(1) 直線 $y = mx$ と x軸の正の向きとのなす角が 120° であるとき，m の値を求めなさい。

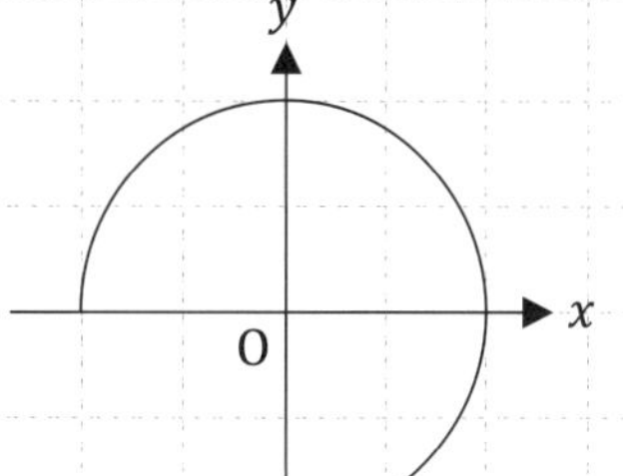

(2) 2 直線 $y = -\sqrt{3}x$，$y = x + 1$のなす鋭角 θ を求めなさい。

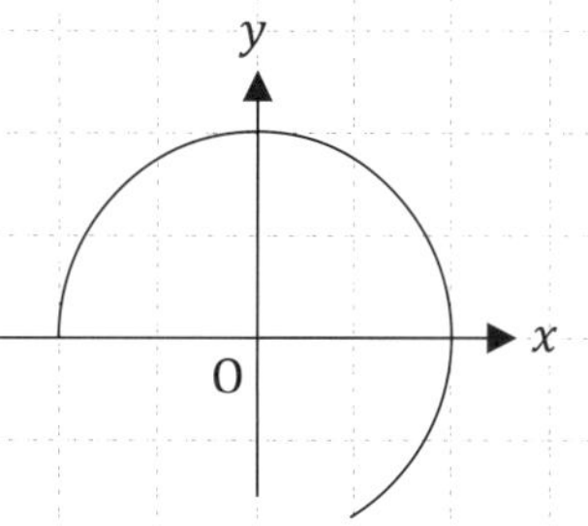

Try Out!

(1) 直線 $y = mx$ と x軸の正の向きとのなす角が 135° であるとき，m の値を求めなさい。

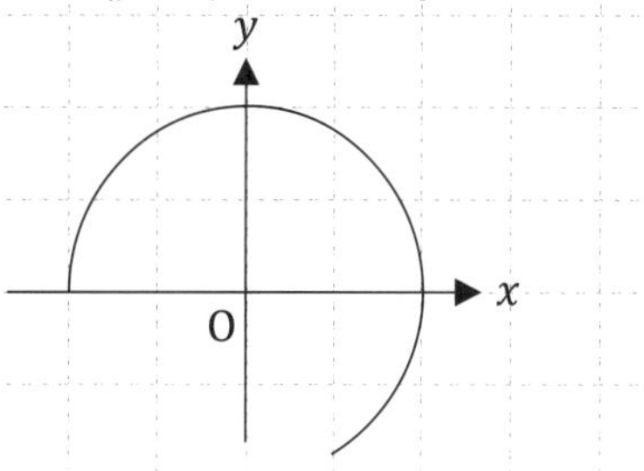

(2) 次の 2 直線のなす鋭角 θ を求めなさい。

① $y = x$，$y = \sqrt{3}x$

② $y = -\frac{1}{\sqrt{3}}x$ ，$y = \frac{1}{\sqrt{3}}x$

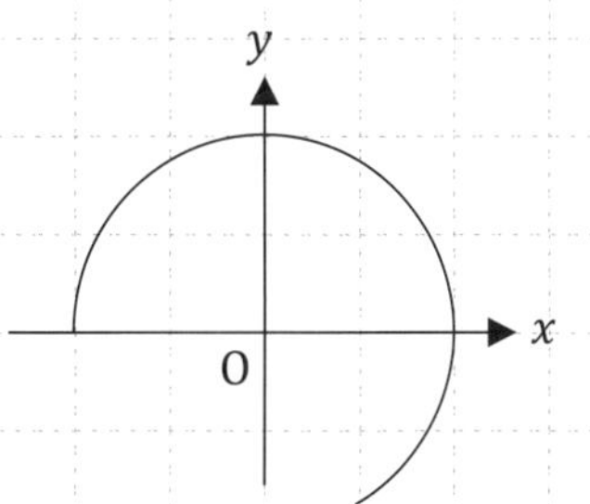

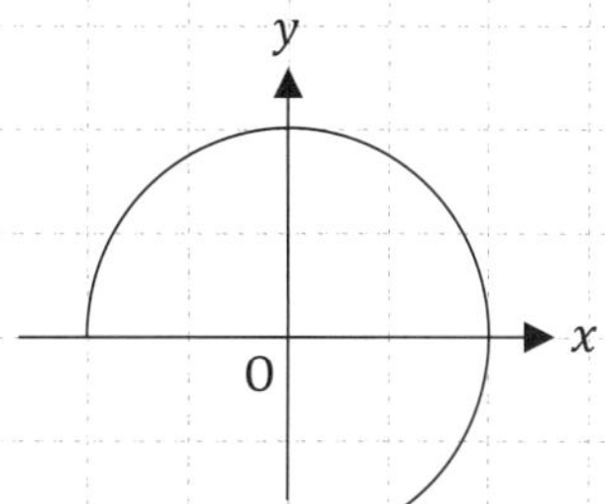

4-11 Check Point! 三角比の相互関係（$0° \leqq \theta \leqq 180°$）

★ 角の範囲が $0° \leqq \theta \leqq 180°$ のときも次の公式が成り立つ。

① 　　② 　　③

★ $0° \leqq \theta \leqq 180°$のとき，$\sin\theta$ の符号は　，$\cos\theta$ の符号は　　と同じ

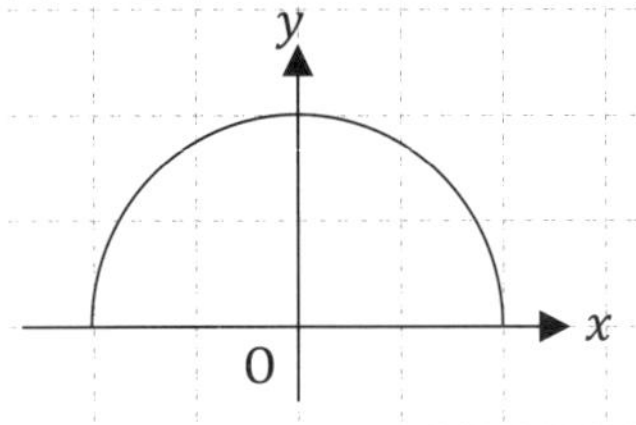

【Q】次の問いに答えなさい。

(1) $0° \leqq \theta \leqq 180°$とする。$\tan\theta = -\frac{4}{3}$ のとき，$\sin\theta$ と $\cos\theta$ の値を求めなさい。

(2) $0° \leqq \theta \leqq 180°$とする。$\sin\theta = \frac{3}{5}$ のとき，$\cos\theta$ と $\tan\theta$ の値を求めなさい。

Try Out!

4-11　三角比の相互関係（$0° \leqq \theta \leqq 180°$）

(1) $0° \leqq \theta \leqq 180°$とする。$\tan\theta = -\frac{1}{2}$ のとき，$\sin\theta$ と $\cos\theta$ の値を求めなさい。

(2) $0° \leqq \theta \leqq 180°$とする。$\sin\theta = \frac{4}{5}$ のとき，$\cos\theta$ と $\tan\theta$ の値を求めなさい。

4-12 Check Point!  式の変形とその値

★ 式の変形の仕方

・角の大きさが異なるときは，公式を使ってもっとも　　　　　　にそろえる。

$\sin\theta=$　　　　$\cos\theta=$　　　　$\tan\theta=$

$\sin\theta=$　　　　$\cos\theta=$　　　　$\tan\theta=$

★ tan があれば，　　　　　　だけの形にする。

★ 式の値を求める問題は，　　　　　　を利用する。

【Q】次の式の値を求めなさい。

(1) $\cos^2 110^\circ+\cos^2 20^\circ$

(2) $\dfrac{1}{\sin^2 20^\circ}-\tan^2 110^\circ$

(3) $\sin^2(90^\circ+\theta)+\cos^2(90^\circ-\theta)$

Try Out!

4-12　式の変形とその値

次の式の値を求めなさい。

(1) $\sin 10^\circ+\cos 100^\circ+\sin 80^\circ+\cos 170^\circ$

(2) $\tan 25^\circ\tan 65^\circ-\tan 35^\circ\tan 55^\circ$

(3) $\cos^2(180^\circ-\theta)+\cos^2(90^\circ-\theta)$

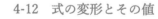

(4) $\dfrac{1}{\sin^2\theta}-\dfrac{1}{\tan^2\theta}-1$

4-13 Check Point! 三角比の対称式の値 ☆

★ 三角比の対称式の手順

① $\sin\theta \pm \cos\theta$ の形が出てきたら，両辺を　　　　する。

②　　　　　　　　　を代入し，　　　　　　　を求める。

例）$\sin\theta + \cos\theta = \sqrt{2}$

★ $\sin^3\theta + \cos^3\theta$ の式の値を求めるときは，次の公式を利用する。

$\sin^3\theta + \cos^3\theta =$

【Q】$0° \leqq \theta \leqq 180°$ とする。$\sin\theta + \cos\theta = \dfrac{1}{2}$ のとき，次の値を求めなさい。

(1) $\sin\theta\cos\theta$

(2) $\sin^3\theta + \cos^3\theta$

(3) $\sin\theta - \cos\theta$

(4) $\tan\theta$ ☆☆

第4章　図形と計量

4-13　三角比の対称式の値 ☆

(1) $0° \leqq \theta \leqq 180°$とする。$\sin\theta - \cos\theta = \dfrac{1}{2}$のとき，次の値を求めなさい。

① $\sin\theta\cos\theta$

② $\sin^3\theta - \cos^3\theta$

③ $\sin\theta + \cos\theta$

④ $\sin^4\theta - \cos^4\theta$

(2) $0° \leqq \theta \leqq 180°$，$\cos\theta - \sin\theta = \dfrac{1}{2}$のとき，$\tan\theta$の値を求めよ。☆☆

4-14 Check Point! 三角比の不等式 ☆☆

★ 三角比の不等式の解き方

① 三角方程式を解く。　　　　例）$\sin\theta > \frac{1}{2}$

② 不等式を満たす θ の範囲を考える。

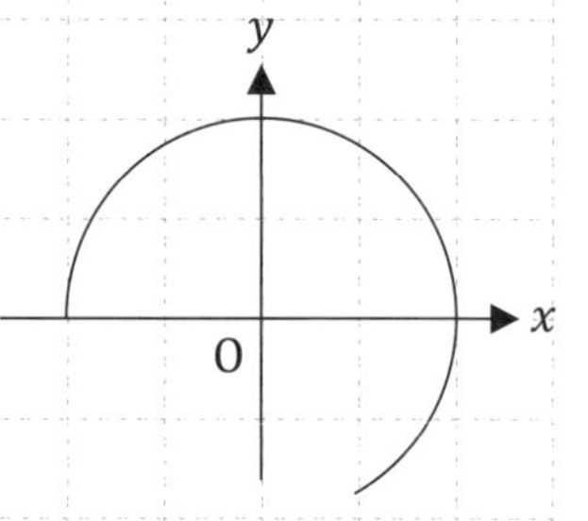

【Q】$0° \leqq \theta \leqq 180°$ のとき，次の不等式を満たす θ の範囲を求めよ。

① $\cos\theta < \frac{1}{2}$

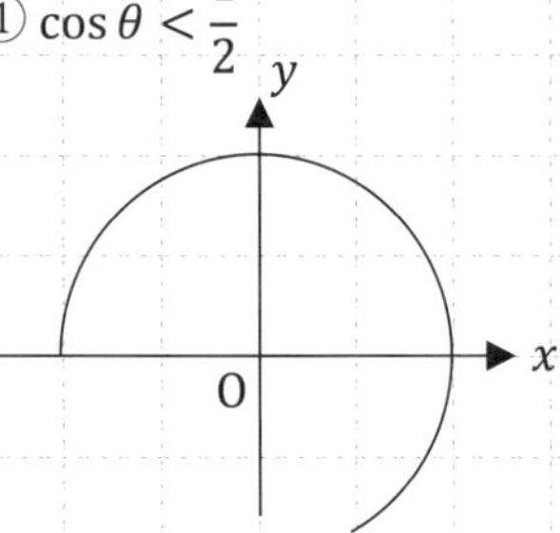

② $\tan\theta \geqq -1$

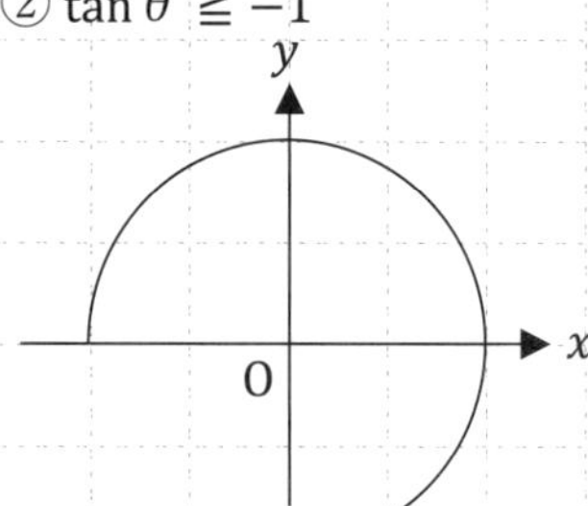

★ 三角比で表された方程式・不等式の解き方

① ひとつの三角比で表す。　　　　例）$\sin^2\theta + 2\cos\theta = 1$

② ①の三角比を　　と置いて　　の方程式・不等式にする。

③ 　　　　に気をつけて解く。

【Q】$0° \leqq \theta \leqq 180°$ のとき，次の方程式・不等式を解け。

① $2\cos^2\theta + \sin\theta = 1$

② $2\sin^2\theta + 3\cos\theta < 0$

y

x

O

Try Out! 

4-14 三角比の不等式 ☆☆

(1) $0° \leqq \theta \leqq 180°$ のとき，次の不等式を満たす θ の範囲を求めよ。

① $\sin\theta > \dfrac{1}{\sqrt{2}}$

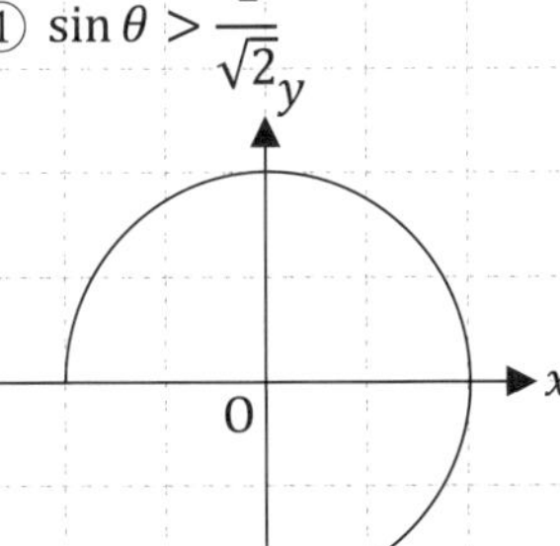

② $\cos\theta \geqq \dfrac{\sqrt{3}}{2}$

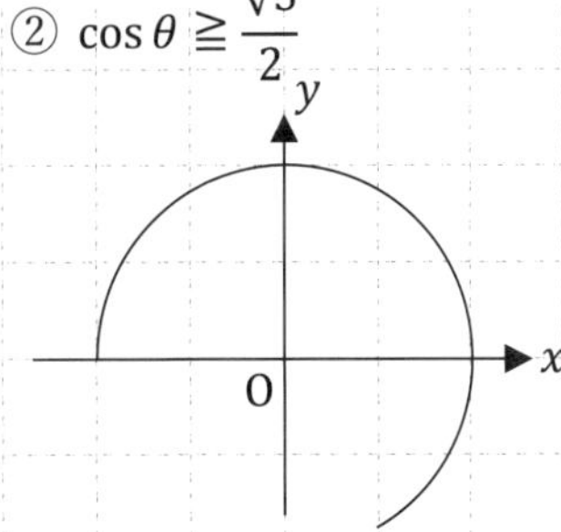

③ $\tan\theta < \sqrt{3}$

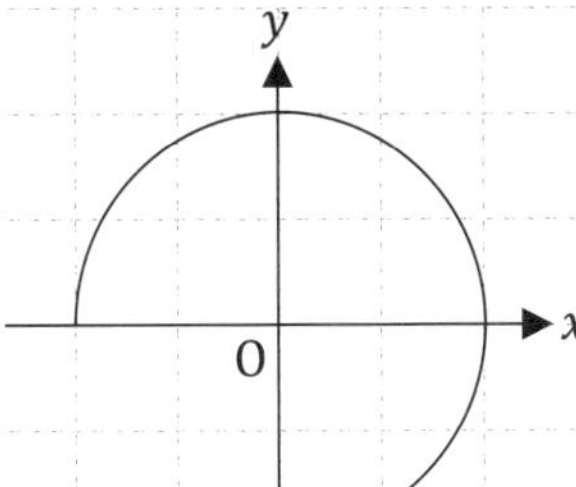

④ $\tan\theta + \sqrt{3} \geqq 0$

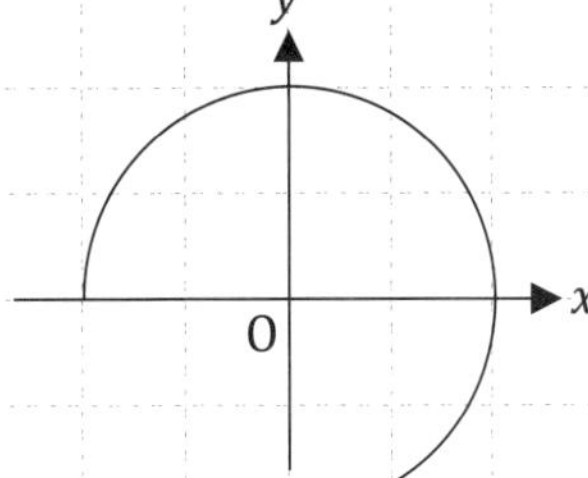

(2) $0° \leqq \theta \leqq 180°$ のとき，次の方程式・不等式を解け。

① $\sqrt{2}\cos^2\theta + \sin\theta - \sqrt{2} = 0$

② $\tan^2\theta + (1-\sqrt{3})\tan\theta - \sqrt{3} \leqq 0$

③ $\sin\theta\tan\theta = -\dfrac{3}{2}$

④ $-\sqrt{3} < \sqrt{3}\tan\theta < 1$

4-15 Check Point!  正弦定理

★ 正弦定理

△ABC の外接円の半径を R とすると，

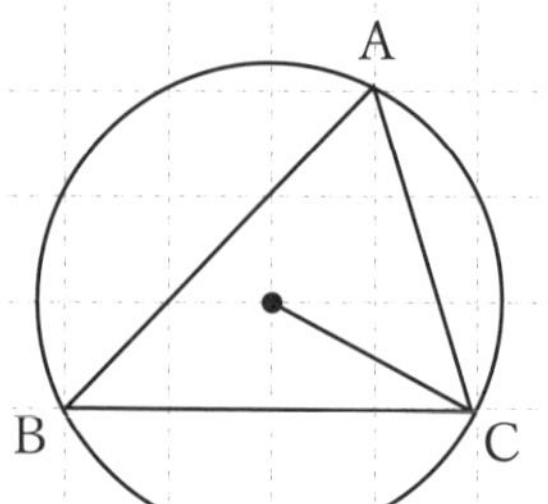

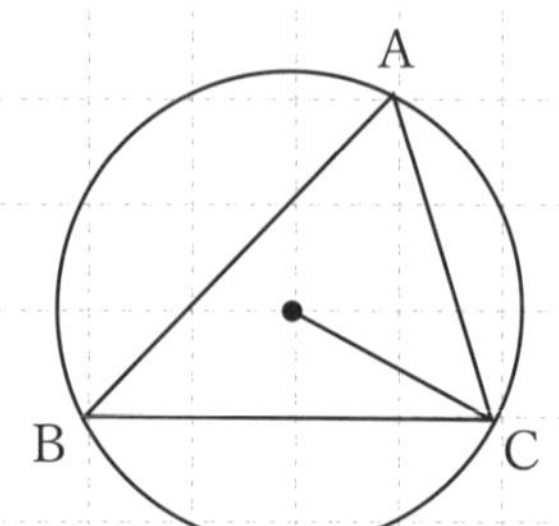

★ 正弦定理の利用

・向かい合う辺と角がわかる。⇒

・2 組の向かい合う辺と角のうち，3 つがわかる。⇒

【Q】次のような△ ABC において，指定されたものを求めなさい。

(1) $a=8$，$\mathrm{A}=45°$ のとき，外接円の半径 R

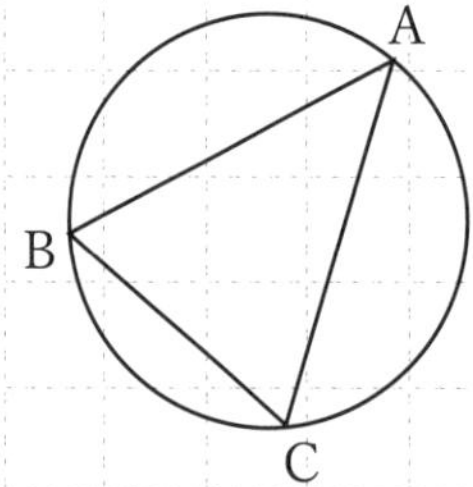

(2) $b=10$，外接円の半径 $\mathrm{R}=10$ のとき，B

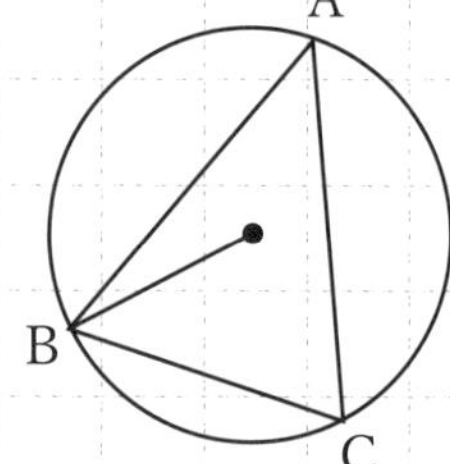

(3) $\mathrm{B}=75°$，$\mathrm{C}=45°$，$a=6\sqrt{2}$ のとき，c

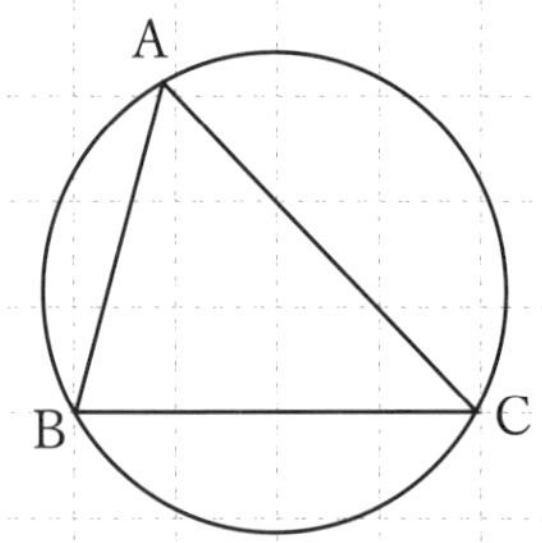

4-15　正弦定理

次のような△ABC において，指定されたものを求めなさい。

(1) $a=4$, $\mathrm{A}=150°$ のとき，外接円の半径 R

(2) $a=2$, $\mathrm{B}=40°$, $\mathrm{C}=95°$ のとき，外接円の半径 R

(3) $\mathrm{A}=150°$, 外接円の半径 $\mathrm{R}=3$ のとき，a

(4) $c=4$，外接円の半径 $\mathrm{R}=4$ のとき，C

(5) $a=2$, $b=\sqrt{2}$, $\mathrm{B}=45°$ のとき，A

(6) $b=3$, $\mathrm{A}=75°$, $\mathrm{C}=45°$のとき，cと外接円半径 R

(7) $\mathrm{A}:\mathrm{B}:\mathrm{C}=1:2:9$, $\mathrm{R}=2$ のとき，c ☆

4-16 Check Point!  余弦定理

★ 余弦定理

△ABC において，

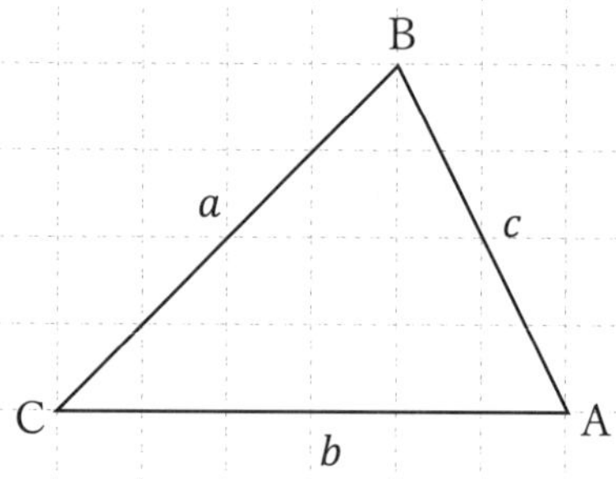

★ 余弦定理の利用

・2 辺と 1 つの角がわかる。⇒ 残りの を求めることができる。

・3 辺の長さがわかる。⇒ を求めることができる。

★ 式の判別

・わかっている か，求めたい角の からはじまる式を利用。

【Q】次のような△ABC において，指定されたものを求めなさい。

(1) $b=2\sqrt{2}$，$c=3$，$\mathrm{A}=45°$ のときの a

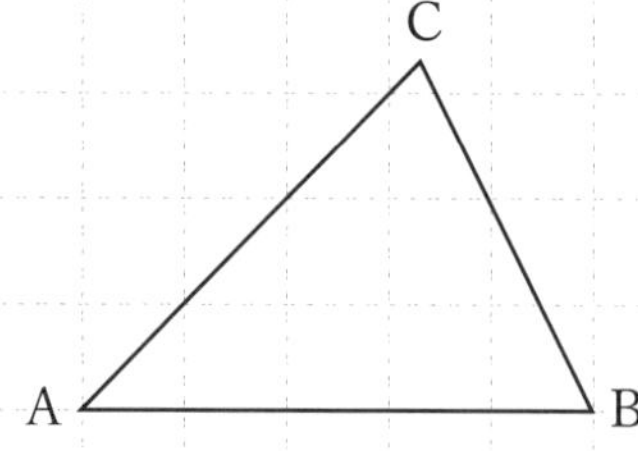

(2) $a=5$，$b=3$，$c=7$ のときの C

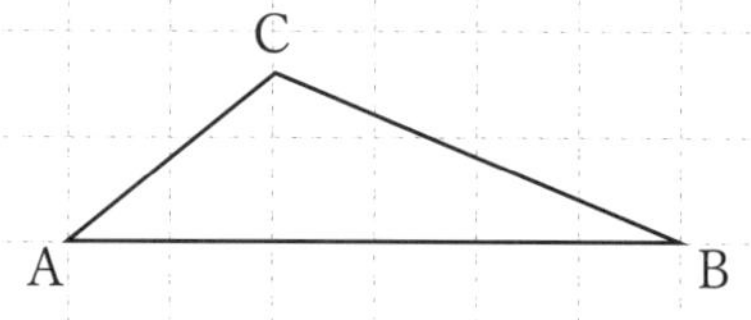

(3) $a=8$，$c=7$，$\mathrm{C}=60°$ のときの b

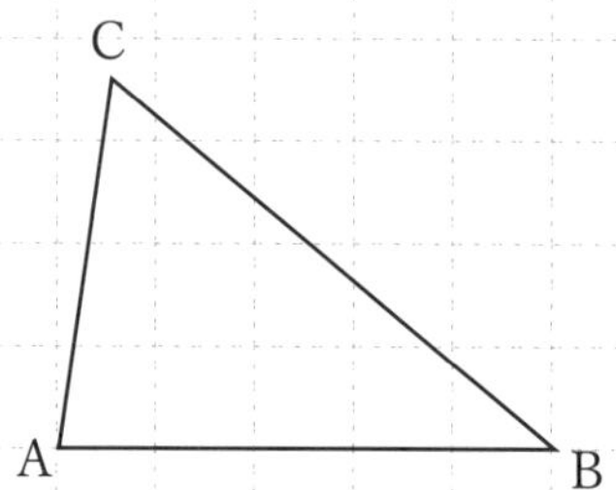

第4章 図形と計量

4-16　余弦定理

(1) 次のような△ABC において，指定されたものを求めなさい。

① $b=6$，$c=4$，$\mathrm{A}=60°$ のときの a

② $\mathrm{A}=135°$，$a=6$，$c=4\sqrt{2}$ のときの b

③ $a=15$，$b=7$，$c=13$ のときの C

④ $a=6$，$b=2\sqrt{7}$，$\mathrm{B}=60°$ のときの c

(2) △ABC において，$a=5$，$b=4$，$c=6$ とする。BC の中点を M とするとき，AM の長さを求めよ。☆

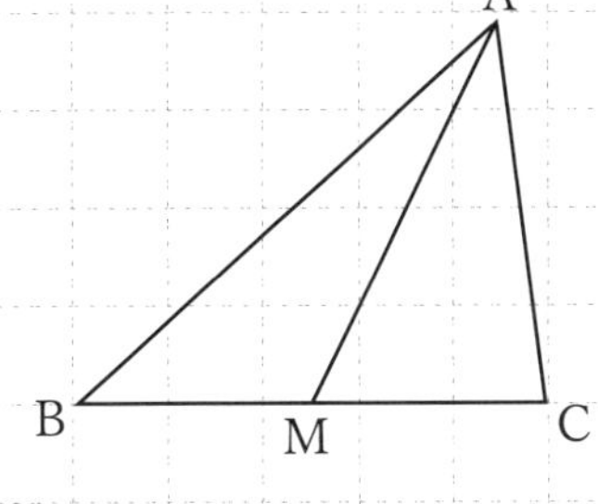

4-17 Check Point!  三角形の解法

★ 三角形の解法

三角形の残りの辺や角を求める問題 ⇒ 　　をかく。求めやすいものから順に求める。

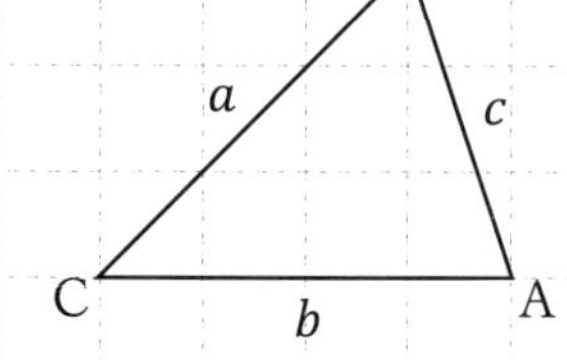

・2角がわかる ⇒ 残りの角を求める。例）$A = 30°$，$B = 50°$

・1組の向かい合う辺と角＋ひとつがわかる ⇒ 　　　　定理を利用。

・それ以外 ⇒ 　　　　定理を利用。

【Q】次のような△ABC において，残りの辺の長さと角の大きさを求めなさい。

(1) $\mathrm{A} = 135°$，$\mathrm{b} = \sqrt{2}$，$c = \sqrt{3} - 1$

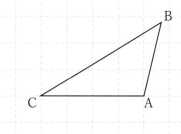

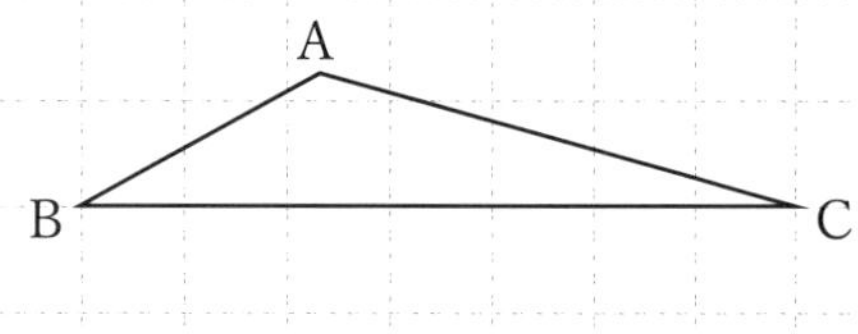

(2) $b = 2$，$c = \sqrt{2}$，$\mathrm{C} = 30°$

次のような △ABC において，残りの辺の長さと角の大きさを求めなさい。

ただし，$\sin 75^\circ = \dfrac{\sqrt{6}+\sqrt{2}}{4}$ である。

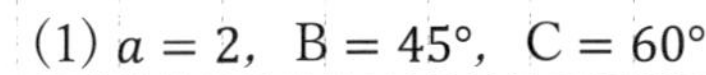

(1) $a = 2$，$\mathrm{B} = 45^\circ$，$\mathrm{C} = 60^\circ$

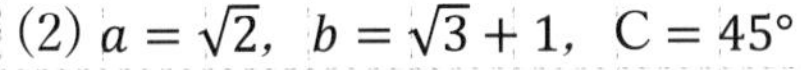

(2) $a = \sqrt{2}$，$b = \sqrt{3}+1$，$\mathrm{C} = 45^\circ$

(3) $a = \sqrt{3}-1$，$b = \sqrt{2}$，$c = 2$

(4) $b = 3\sqrt{3}$，$c = 3$，$\mathrm{C} = 30^\circ$

4-18 Check Point!  三角形の辺と角

★ 辺と角の大小関係

$a < b < c \iff$

★ 三角形の成立条件

★ 三角形において，　　　　　　　　　が最大角になる。

★ △ABC における鋭角，直角，鈍角

$\boldsymbol{a^2 < b^2 + c^2} \iff$　　　$\boldsymbol{a^2 = b^2 + c^2} \iff$　　　$\boldsymbol{a^2 > b^2 + c^2} \iff$

★ 三角形の種類

・すべての角が鋭角である三角形 ⇒　　　　三角形

・１つの角が直角である三角形 ⇒　　　　三角形

・１つの角が鈍角である三角形 ⇒　　　　三角形

【Q】次の問いに答えなさい。

(1) $a = 6$，$b = 2\sqrt{5}$，$c = 8$ のとき，△ABC は鋭角三角形，直角三角形，鈍角三角形のいずれか答えよ。

(2) △ABC において，$a = 5$，$b = 4$とする。☆

① 辺c の範囲を求めよ。

② △ABC が鈍角三角形のとき，辺c の範囲を求めよ。

4-18　三角形の辺と角

(1) 次の△ABC は，鋭角三角形，直角三角形，鈍角三角形のいずれか答えなさい。

① $a = 6$，$b = 7$，$c = 10$

② $a = 4$，$b = 5$，$c = 3\sqrt{2}$

③ $a = 5$，$b = 2\sqrt{6}$，$c = 7$

(2) △ABC の 3 辺の長さが x，3，5 で，鈍角三角形であるとき，x の範囲を求めよ。☆

4-19 Check Point! 三角形の比例式 ☆

★ 比例式

$\dfrac{a}{x}=\dfrac{b}{y}=\dfrac{c}{z}$

例）$a:b:c=3:4:5$　　　　　　正弦定理

★ $\sin A:\sin B:\sin C$ の条件がある問題の解法の手順

例）$\sin A:\sin B:\sin C=3:4:5$のときの最大の角

① 辺の　　を求める。

② 　　　　　を求める

③ 辺の長さを比の値　　で表す。

④ 　　　　定理を用いて，角を求める。

【Q】次の問いに答えよ。

(1) △ABC において，次が成り立つとき，この三角形の最も大きい角の大きさを求めなさい。

$\dfrac{a}{7}=\dfrac{b}{8}=\dfrac{c}{13}$

(2) $\sin A:\sin B:\sin C=\sqrt{10}:2:\sqrt{2}$

4-19　三角形の比例式 ☆

(1) △ABC において，$\sin A:\sin B:\sin C=3:7:5$ のとき，もっとも大きい内角の大きさを求めよ。

4-20 Check Point!  15°，75°，105° の三角比 ☆

★ 正弦定理や余弦定理を利用した，15°，75°，105°の三角比の求め方

・30°，45°をふくむ三角形を組み合わせる。

例）sin15°，cos15°

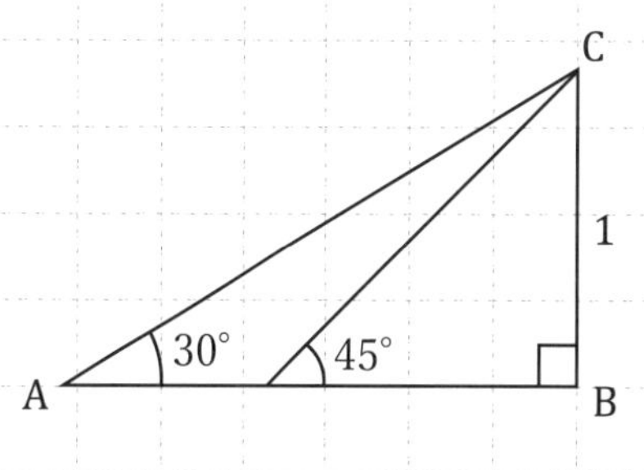

【Q】sin75°，cos75° の値を求めなさい。

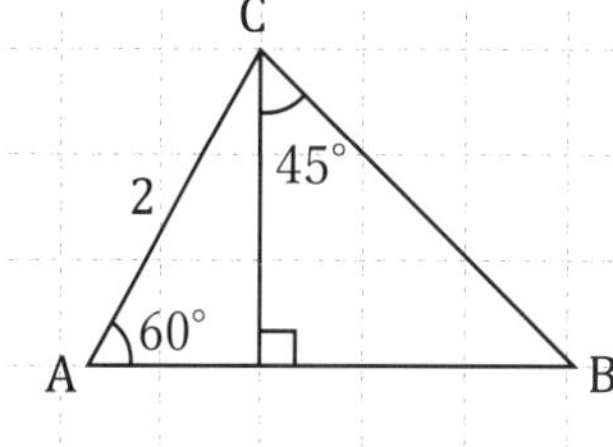

Try Out!

4-20　15°，75°，105° の三角比 ☆

(1) 右の図を利用して，sin105°，cos105° の値を求めなさい。

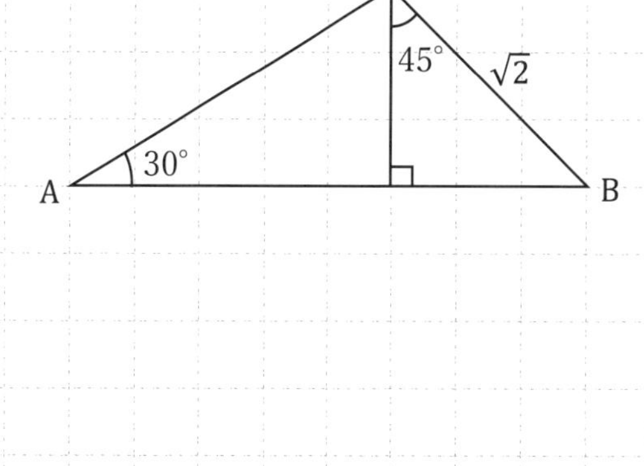

4-21 Check Point! 等式と三角形の形状 ☆☆

★ 等式の証明

・　　だけの関係になおす。

例）$a\,\sin B = b\,\sin A$

★ 等式からの三角形の形状

・　　だけの式になおして，考える。

例）$a\,\cos B = b\,\cos A$ を満たす△ABC

【Q】次の問いに答えよ。

(1) △ABC において，次の等式が成り立つことを証明しなさい。

$(b-c)\sin A + (c-a)\sin B = (b-a)\sin C$

(2) △ABC において，次の等式が成り立つとき，この三角形はどのような形をしているか。

$a\,\cos A + b\,\cos B = c\,\cos C$

4-21　等式と三角形の形状 ☆☆

(1) △ABC において，次の等式が成り立つことを証明しなさい。

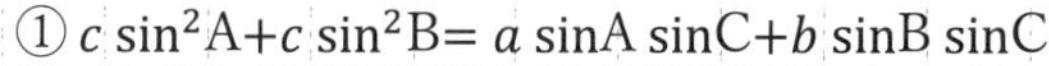

① $c\sin^2\mathrm{A}+c\sin^2\mathrm{B}=a\sin\mathrm{A}\sin\mathrm{C}+b\sin\mathrm{B}\sin\mathrm{C}$

② $ab\cos\mathrm{C}-ac\cos\mathrm{B}=b^2-c^2$

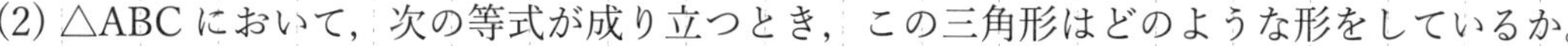

(2) △ABC において，次の等式が成り立つとき，この三角形はどのような形をしているか。

① $b\sin^2\mathrm{A}+a\cos^2\mathrm{B}=a$

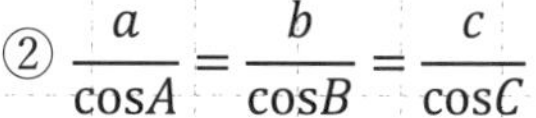

② $\dfrac{a}{\cos A}=\dfrac{b}{\cos B}=\dfrac{c}{\cos C}$

4-22 Check Point! 三角形の面積

★ △ABC の面積を S とすると,

S =

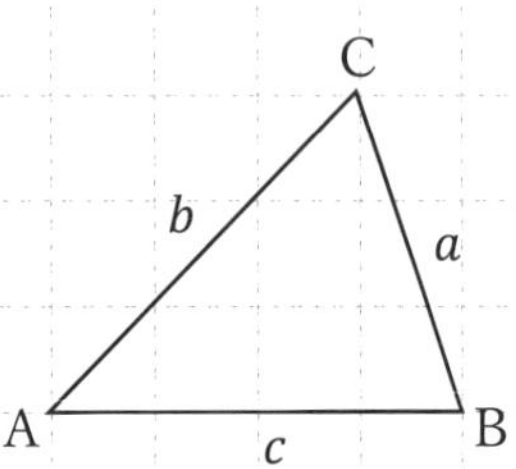

★ 3 辺の長さが与えられた △ABC の面積の求め方　　例）$a=3$，$b=3$，$c=4$

① 余弦定理を利用し，a，b，c から　　　　を求める。

② cosA から　　　　　　　　を用いて，sinA を求める。

③ S =　　　　　　を利用する。

【Q】次のような △ABC の面積 S を求めなさい。

(1) $b=5$，$c=4$，$\mathrm{A}=60°$

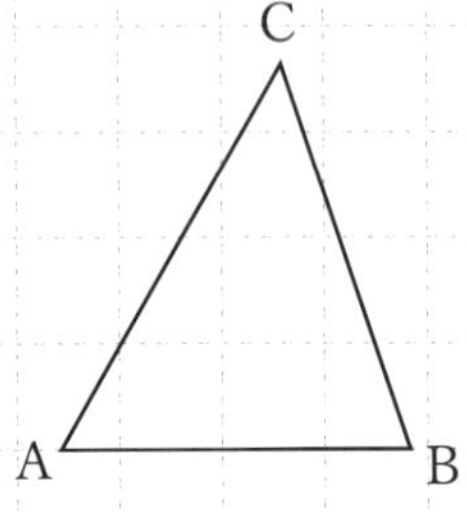

(2) $a=6$，$b=7$，$c=11$

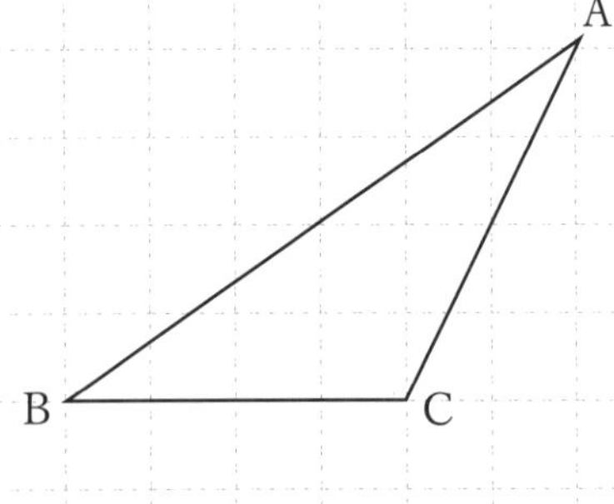

4-22　三角形の面積

(1) 次のような△ABC の面積 S を求めなさい。

① $a=2$，$b=5$，$\mathrm{C}=30°$

② $a=\ 2$，$b=\sqrt{3}-1$，$\mathrm{A}=30°$，$\mathrm{B}=105°$

③ $a=3$，$b=5$，$c=6$

(2) △ABC の面積が $4\sqrt{3}$，$a=4$，$\mathrm{C}=150°$ のとき，b と c の長さを求めよ。

4-23 Check Point!  三角形の面積と内角の二等分線

★内角の二等分線と図形に関する問題

・角度がわかっている場合

① 図をかく。

② 面積についての　　　　　　を作る。

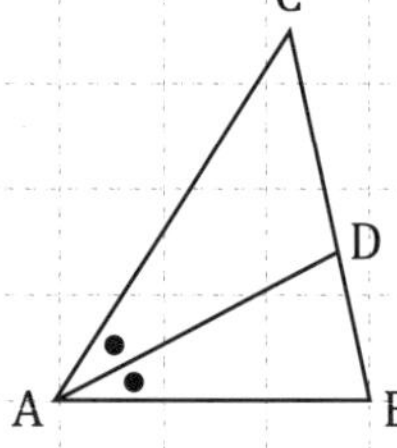

・3辺がわかっている場合

① 図をかく。

② 内角の二等分線の比を利用

③ 余弦定理を利用。

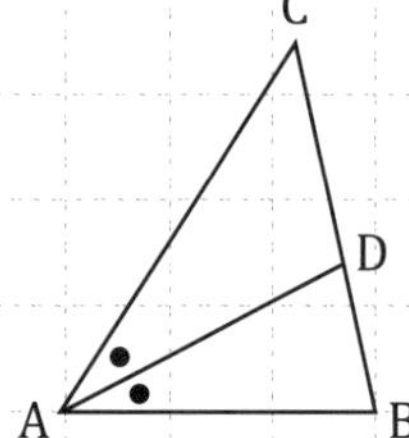

【Q】次の問いに答えなさい。

(1) △ABC において，AB = 10，BC = 15，B = 60° で ∠B の二等分線と辺 AC との交点を D とするとき，BD の長さを求めよ。

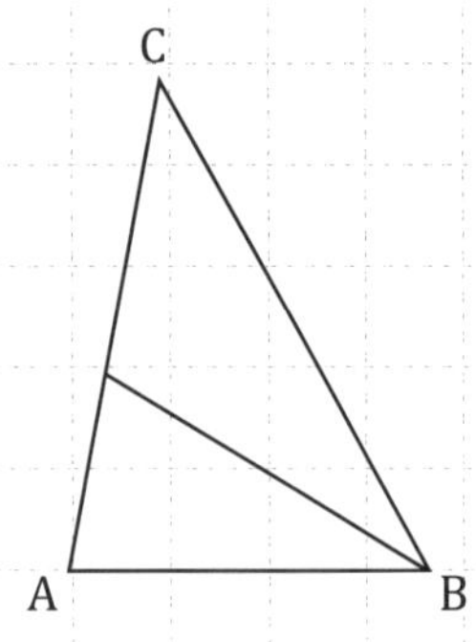

(2) △ABC において，AB = 4，BC = 5，CA = 6とする。∠A の二等分線と辺 BC との交点を D とするとき，AD の長さを求めなさい。☆

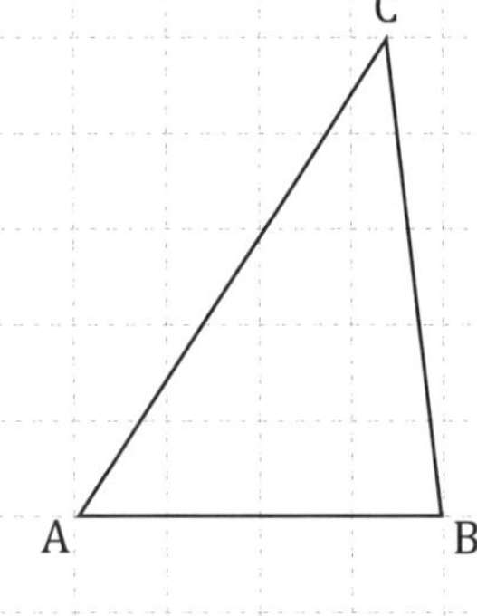

4-23 三角形の面積と内角の二等分線

(1) △ABC において，AB = 4，AC = 3，A = 60° とする。∠A の二等分線と辺 BC との交点を D とするとき，AD の長さを求めなさい。

(2) △ABC において，AB =6，AC =8，A =120° とする。∠A の二等分線と辺 BC との交点を D とするとき，AD の長さを求めなさい。

(3) △ABC において，AB = 4，BC = 6，CA = 5とし，∠A の二等分線と辺 BC との交点を D とする。このときの AD の長さを求めなさい。☆

4-24 Check Point!  四角形の面積と多角形の面積

★四角形の面積

・図をかく。

・四角形は，２つの　　　　　　に分けて 考える。

例）AB=6，AD=8，∠BAD=120° の平行四辺形 ABCD の面積

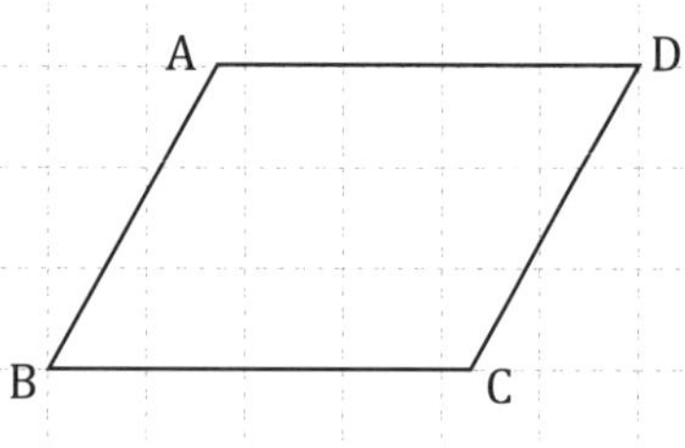

【Q】次の問いに答えなさい。

(1) 右の図の四角形 ABCD において，次のものを求めなさい。

① AC の長さ

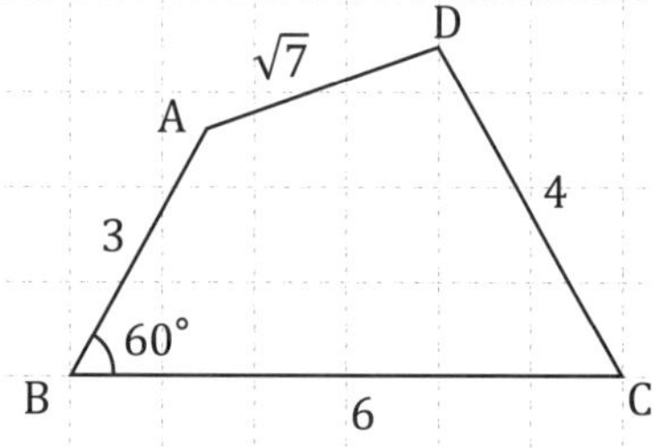

② 四角形 ABCD の面積 S

(2) 半径が 8 の円に内接する正八角形の面積 S を求めよ。

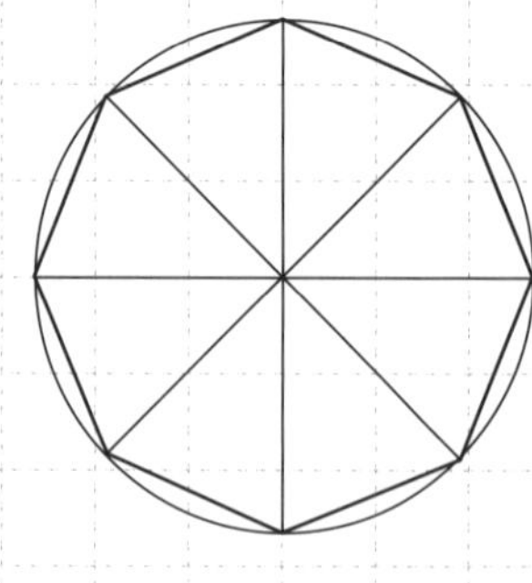

第4章 図形と計量

4-24 四角形の面積と多角形の面積

(1) 平行四辺形 ABCD において，AB=2，AD=3，∠BAD= 135° のとき，その平行四辺形の面積を求めよ。

(2) 右の図の四角形 ABCD において，次のものを求めなさい。

① AC の長さ

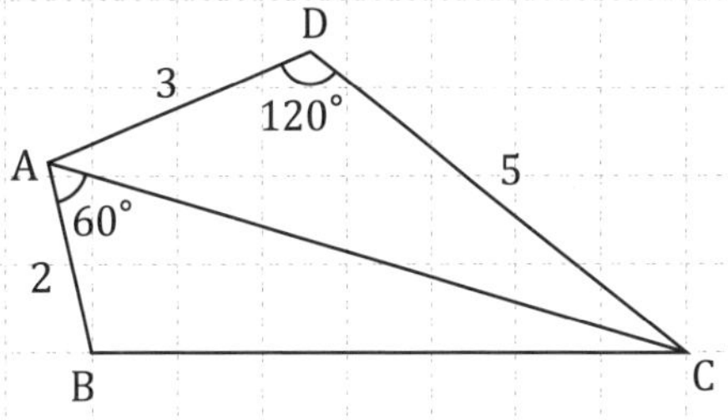

② 四角形 ABCD の面積 S

(3) 半径が 10 の円に内接する正十二角形の面積 S を求めよ。

(4) 四角形 ABCD の 2 つの対角線 AC，BD の交点を O とする。

AC = 5，BD = 8，∠AOB = 45° であるとき，四角形 ABCD の面積 S を求めよ。☆

4-25 Check Point!  円に内接する四角形の面積

★円に内接する四角形

・対角の和＝

・　　　　　に分ける

例）∠A＋∠C＝

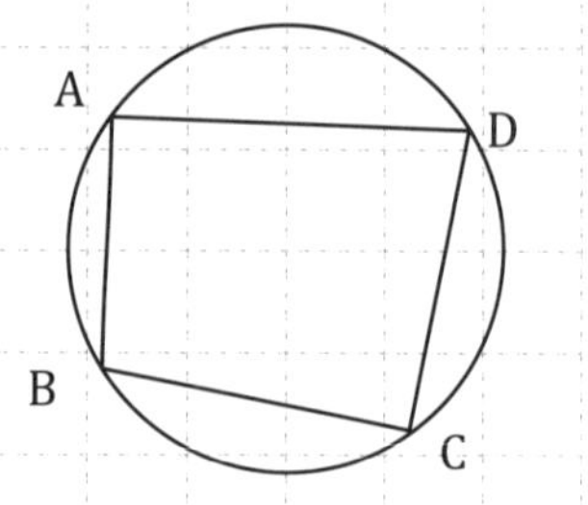

【Q】円に内接する四角形 ABCD において，AB= 2，BC=3，CD=1，∠ABC=60° のとき，
　次のものを求めよ。

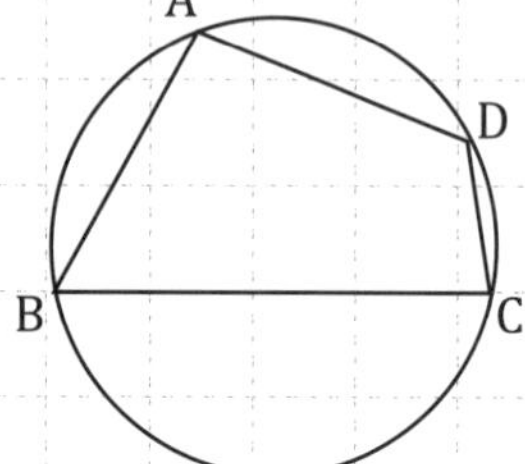

(1) AC の長さ　　　(2) AD の長さ

(3) 四角形 ABCD の面積 S

★円に内接する四角形

・対角の和＝

・　　　　　に分ける

・sinA＝　　　　　cosA＝

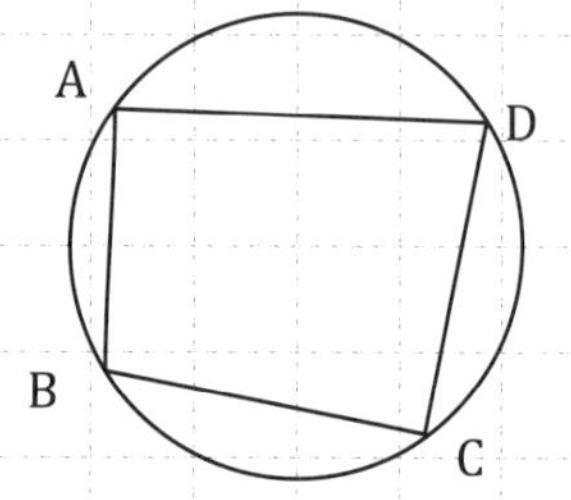

【Q】円に内接する四角形 ABCD において，AB=3，BC=4，CD=2，DA=2 のとき，次のものを求めよ。☆

(1) 対角線 BD の長さ

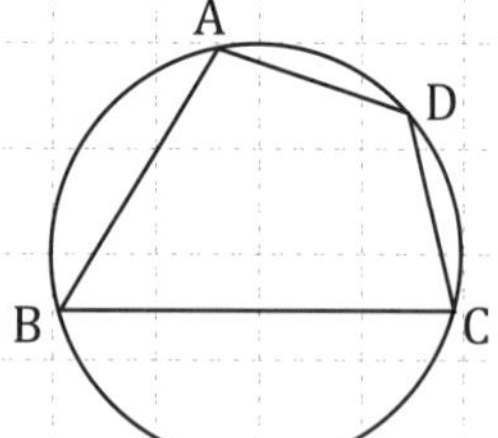

(2) 四角形 ABCD の面積 S

4-25 円に内接する四角形の面積

(1) 円に内接する四角形 ABCD において，$AB = 2\sqrt{2}$，$BC = 3$，$CD = \sqrt{2}$，$\angle ABC = 45°$のとき，次のものを求めなさい。

① AC の長さ

② AD の長さ

③ 四角形 ABCD の面積 S

(2) 円に内接する四角形 ABCD において，AB=4，BC=5，CD=7，DA=10 のとき，次のものを求めよ。☆

① cosA の値

② 四角形 ABCD の面積 S

4-26 Check Point!  内接円の半径 ☆

★ △ABC の面積を S，内接円の半径を r とすると，

S =

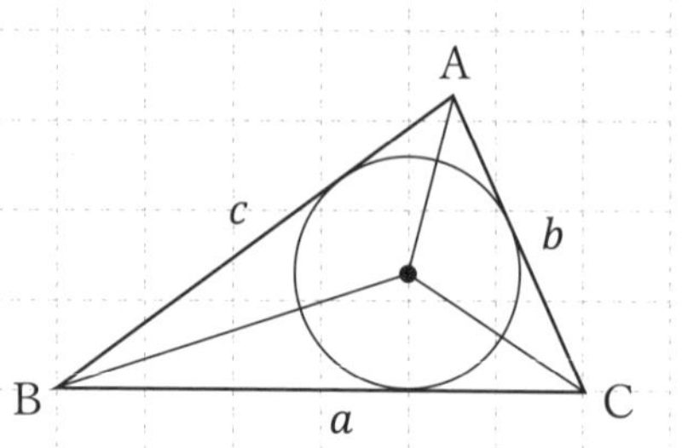

【Q】△ABC において，$a=3$，$b=4$，$c=5$ のとき，次の値を求めなさい。

(1) cosA の値

(2) sinA の値

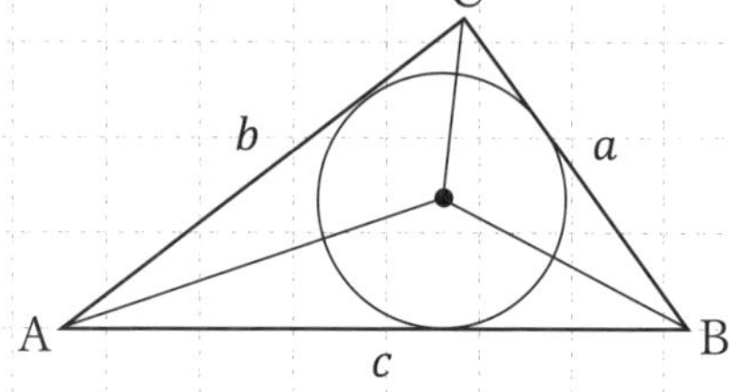

(3) △ABC の面積 S

(4) 内接円の半径 r

Try Out!

4-26　内接円の半径 ☆

(1) △ABC において，$a=3$，$b=7$，$c=8$ のとき，外接円 R と内接円の半径 r を求めなさい。

4-27 Check Point!  測量

★ 図形問題は，図をかき，　　　　　　　に注目する。

★ 立体問題は，　　　　　で考える。

例）10m 離れた 2 地点 A，B がある。対岸の地点 C，D を観測したところ，下の図のようになった。

CD の長さを求めなさい。

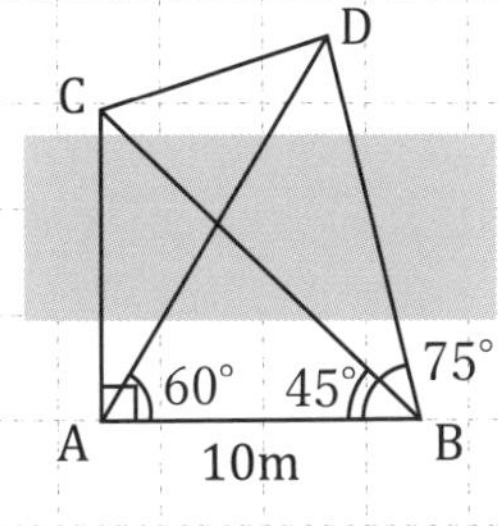

【Q】100m 離れた 2 地点 A，B がある。地点 A から B とドローン P をみると ∠BAP=60°，地点 B から 2 点 A, P をみると ∠ABP=75° であり，点 B からドローン P を見上げる角は 30° であった。

このとき，ドローンの高さ PC を 求めなさい。

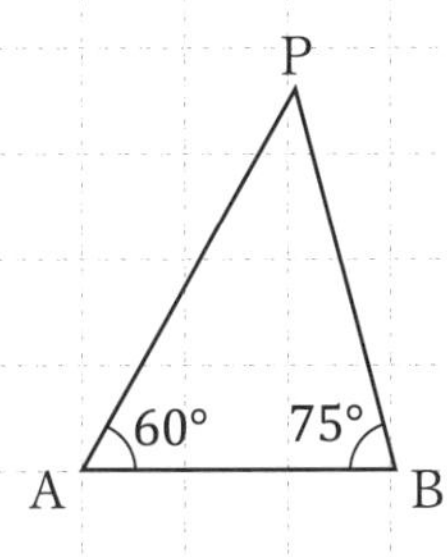

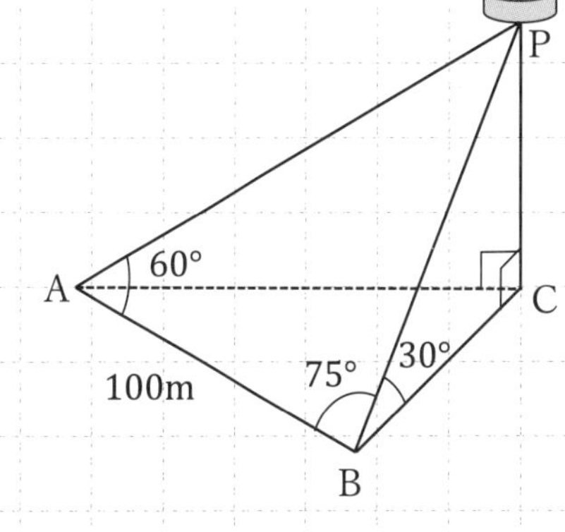

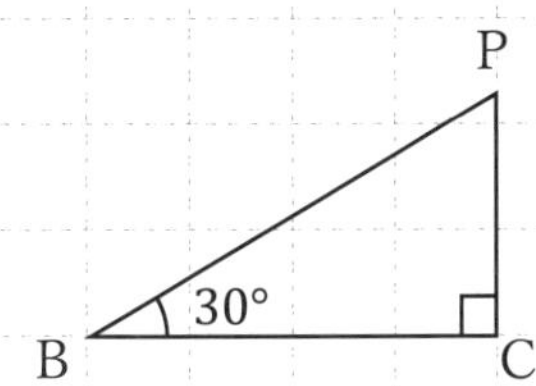

(1) 50m 離れた 2 地点 A，B がある。対岸の地点 C，D を観測したところ，下の図のようになった。
CD の長さを求めなさい。

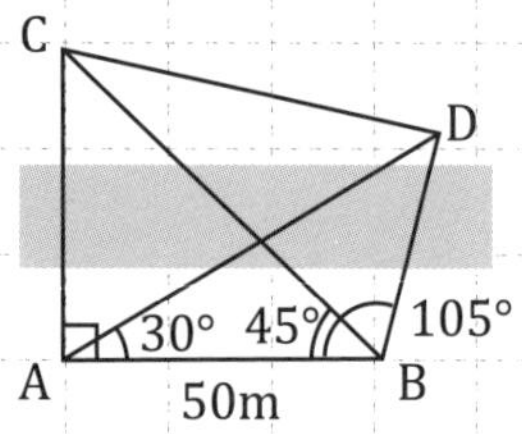

(2) 10m 離れた 2 地点 A，B がある。地点 A から B とドローン P をみると ∠BAP=60°，地点 B から
2 点 A, P をみると ∠ABP=75° であり，点 B からドローン P を見上げる角は 45°であった。
このとき，ドローンの高さ PC を 求めなさい。

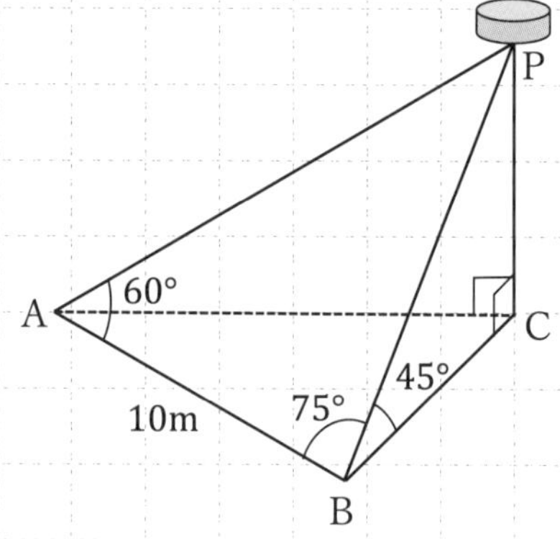

(3) 100m 離れた 2 地点 A，B がある。点 C から 2 点 A, B をみると ∠ACB=30°,
点 A からドローン P を見上げる角は 30°であり，点 B からドローン P を見上げる角は 45° であった。
このとき，ドローンの高さ PC を 求めなさい。☆

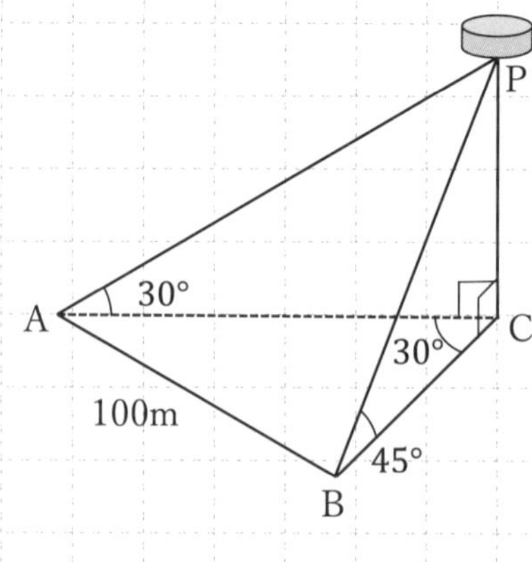

第4章 図形と計量

4-28 Check Point!  空間図形 ☆

★ 立体の断面図の面積の求め方

① 断面の図形の　　を求める。

② 1 つの角の　　　，　　　を求める。

③ 面積の公式を使う。

例）辺の長さが 4 の正四面体 ABCD で、辺 BC，CD の中点をそれぞれ P，Q としたときの △APQ の面積 S

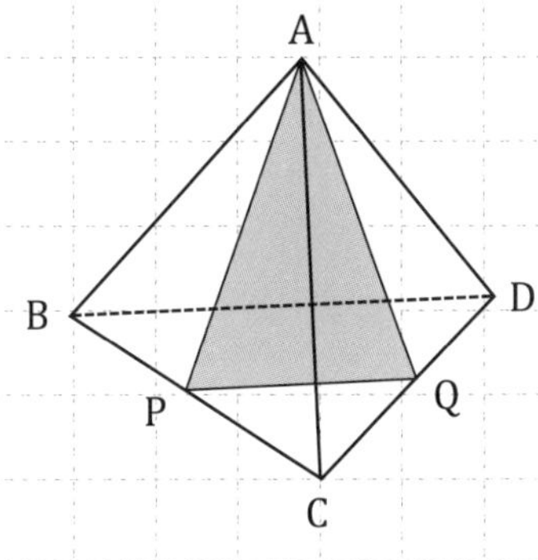

【Q】右の図のような直方体 ABCD-EFGH を，3 点 A，F，C を通る平面で切るとき，次のものを求めよ。

(1) △AFC の面積 S

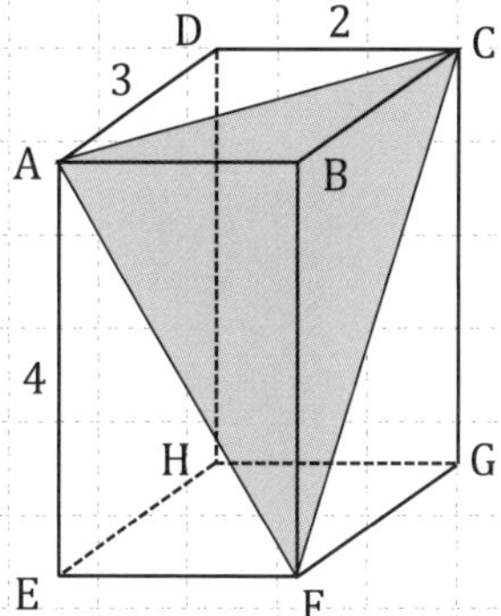

(2) 四面体 ABCF の体積 V

(3) B から平面 AFC へおろした垂線の長さ h

(1) 辺の長さが 3 の正四面体 ABCD で、辺 BC, CD を 1：2 に分ける点を，それぞれ P, Q としたとき，△APQ の面積 S を求めよ。

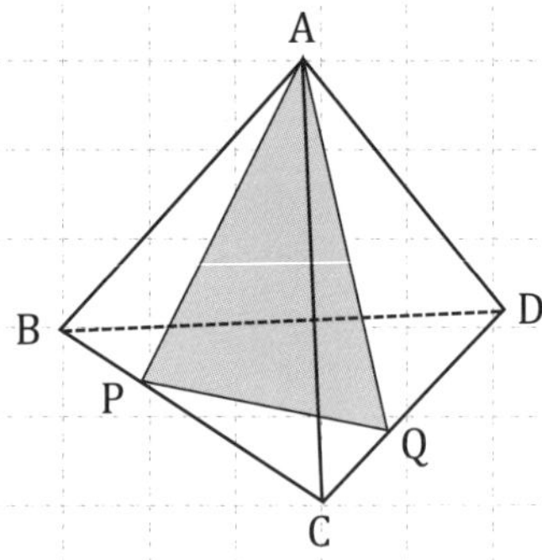

(2) 右の図のような直方体 ABCD-EFGH を，3 点 B, D, E を通る平面で切るとき，次のものを求めよ。

① △BDE の面積 S

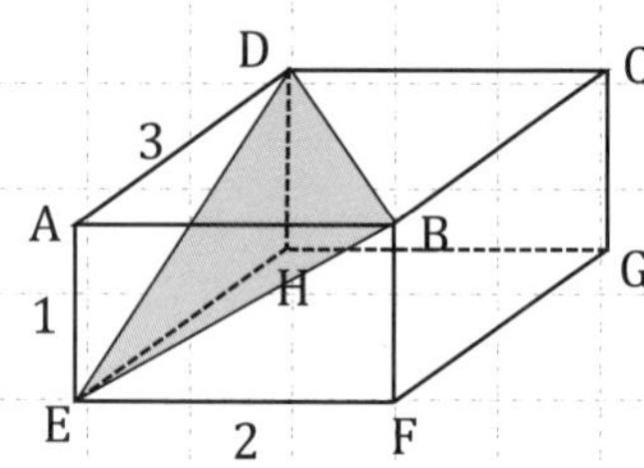

② 四面体 ABDE の体積 V

③ A から平面 BDE へおろした垂線の長さ h

4-29 Check Point!  正四面体 ☆☆

★ 正四面体

・平面でとらえ、　　　　　　を切り出す

・どの面も

・角度は

・三平方の定理，面積，体積の　　　　　　を利用

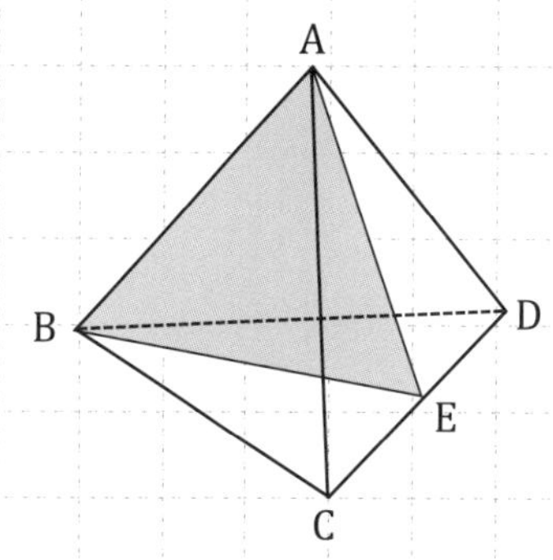

例）１辺３の正四面体の高さ h

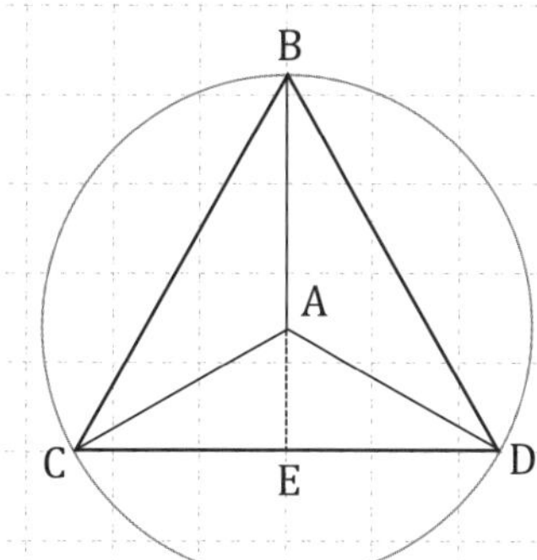

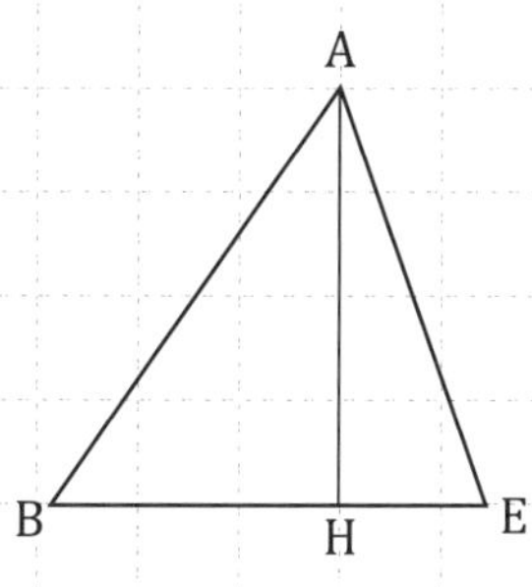

【Q】次の問いに答えなさい。

(1) １辺３の正四面体の体積 V を求めよ。

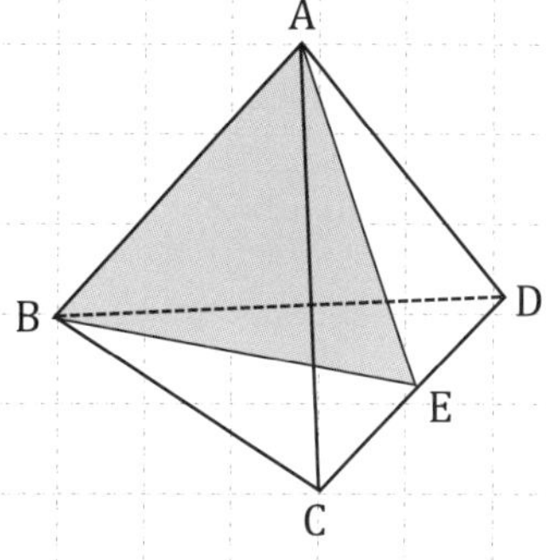

(2) １辺３の正四面体に外接する球の半径 R を求めよ。

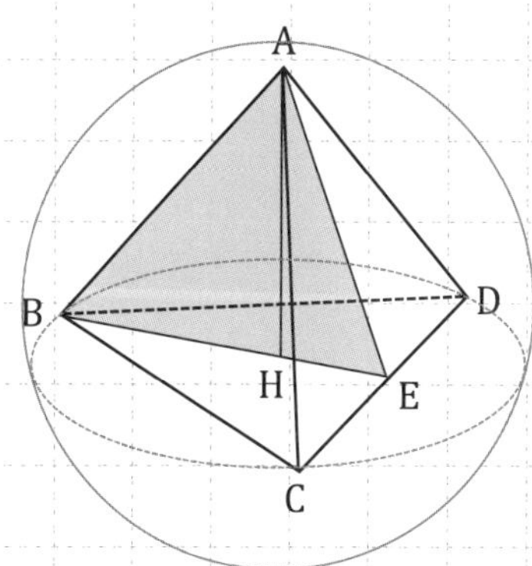

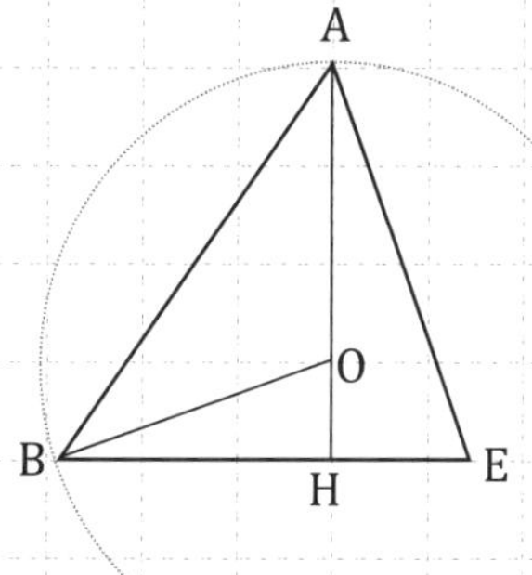

(1) 1辺6の正四面体の体積Vを求めよ。

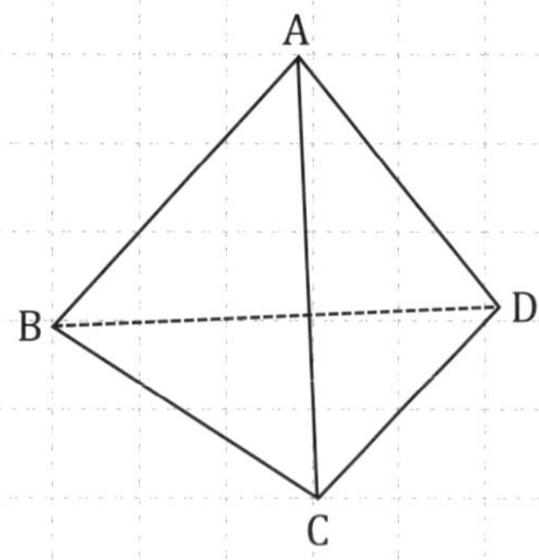

(2) 1辺6の正四面体に内接する球の半径rを求めよ。

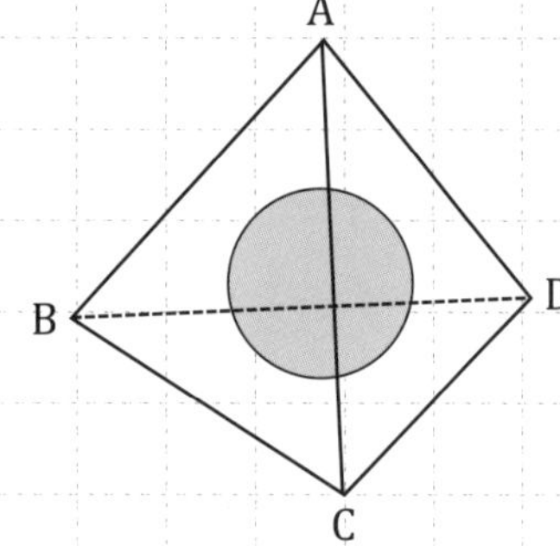

(3) 1辺3の正四面体OABCにおいて，辺AB，BC，OC上にそれぞれ点P，Q，Rをとる。
頂点Oから，P，Q，Rの順に3点を通り，頂点Aに至る最短経路の長さLを求めよ。

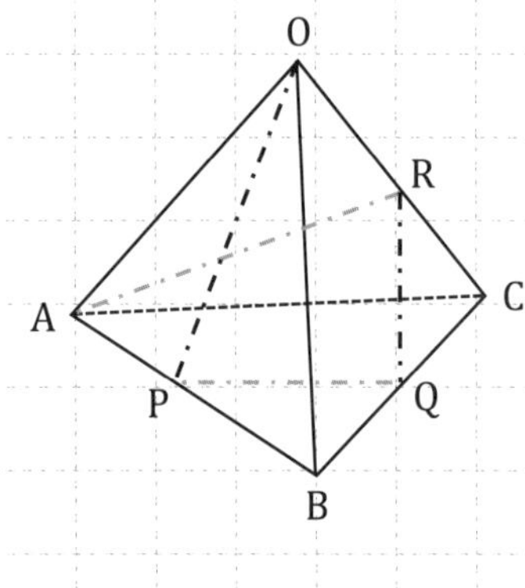

High School
Mathematics I

第5章

データの分析

5-1 Check Point!  データの整理

★ データの整理

・ある特性を表したものを　　　，変量の集まりを　　　　，下のような表を　　　　　　　　という。

・度数分布表の区間を　　　　といい，区間の幅を　　　　，階級の真ん中の値を　　　　　という。

・各階級にふくまれるデータの値の個数を　　　，度数分布表をグラフにした図を　　　　　という。

・各階級の度数の割合を　　　　　　という。

相対度数＝

例）度数分布表の階級の幅＝

24℃以上 26℃未満の階級の

階級値＝

相対度数＝

度数分布表

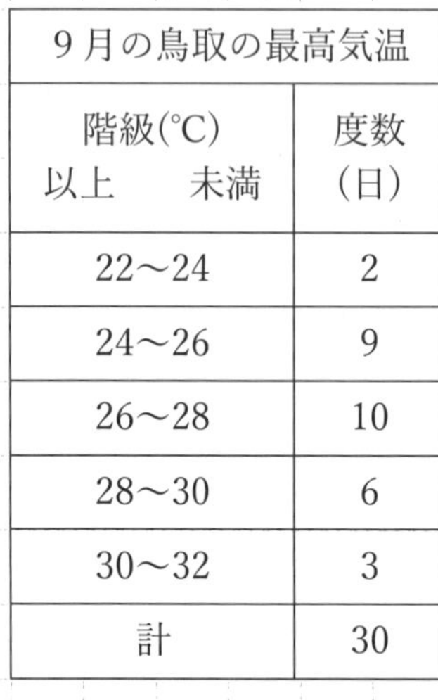

9月の鳥取の最高気温	
階級(℃) 以上　　未満	度数 (日)
22～24	2
24～26	9
26～28	10
28～30	6
30～32	3
計	30

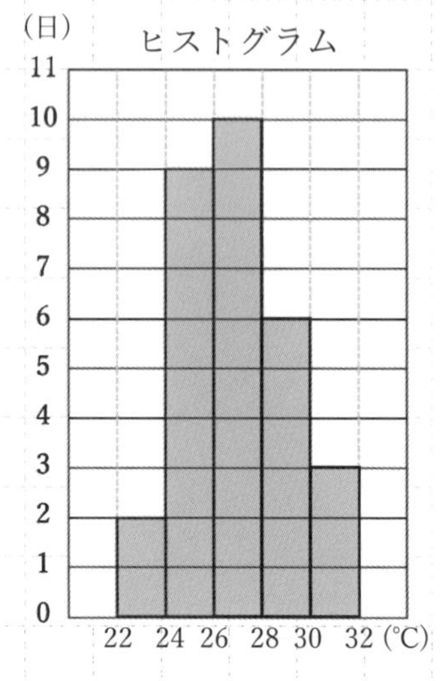

【Q】下のデータは，ある店のドーナッツの 30 日間の売上数である。

34	15	23	22	30	37	27	12	24	18	22	25	20	28	32
10	24	20	36	26	25	29	16	21	39	26	30	38	23	33 (個)

(1) 階級の幅を 5 個として，度数分布表をつくりなさい。階級は 10 から区切り始めるものとする。

(2) (1)の度数分布表をもとにして，ヒストグラムをつくりなさい。

(3) 結果が悪いほうから数えて 15 番目の日にあたる階級の階級値を求めよ。

(4) 最も度数の大きい階級の相対度数を求めよ。

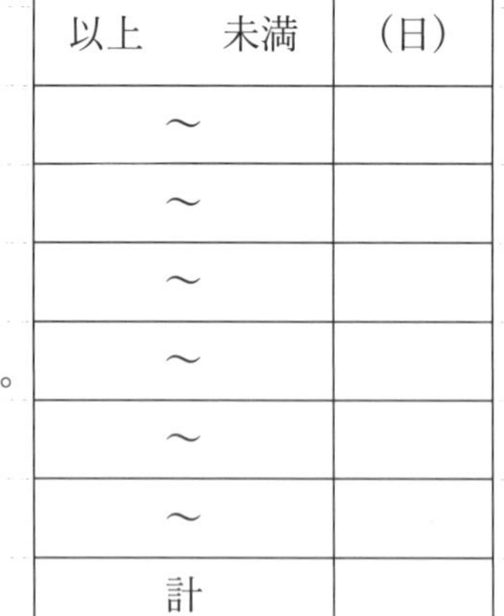

階級(個) 以上　　未満	度数 (日)
～	
～	
～	
～	
～	
～	
計	

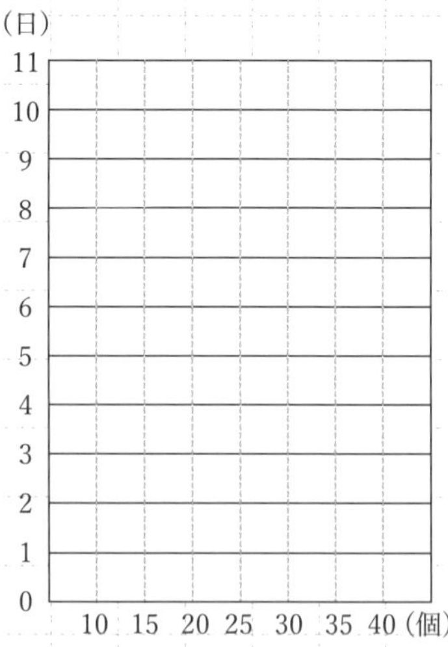

(1) 下のデータは，あるクラス 20 人の反復横跳びの結果である。

37	41	35	47	46	38	45	49	48	54
35	51	42	50	48	40	32	38	40	45 (回)

① 階級の幅を 5 回として，度数分布表をつくりなさい。階級は 30 回 から区切り始めるものとする。

② ①の度数分布表をもとにして，ヒストグラムをつくりなさい。

③ 結果が悪いほうから数えて 7 番目の生徒がいる階級の階級値を求めよ。

④ 最も度数の大きい階級の相対度数を求めよ。

階級(回) 以上　　未満	度数 (人)
〜	
〜	
〜	
〜	
〜	
計	

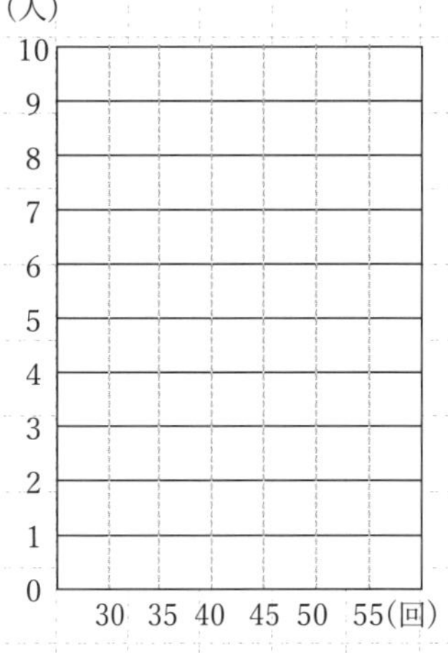

(2) 下のデータは，鳥取市のある月の最高気温の結果である。

20	28	23	22	30	31	27	22	24	28	25	27	26	28	25
27	24	27	26	26	25	23	24	21	29	30	25	24	23	25 (℃)

① 階級の幅を 2℃として，度数分布表をつくりなさい。階級は 20 ℃から区切り始めるものとする。

② ①の度数分布表をもとにして，ヒストグラムをつくりなさい。

③ 結果が低いほうから数えて 7 番目の日にあたる階級の階級値を求めよ。

④ 最も度数の大きい階級の相対度数を求めよ。

階級(℃) 以上　　未満	度数 (日)
〜	
〜	
〜	
〜	
〜	
〜	
計	

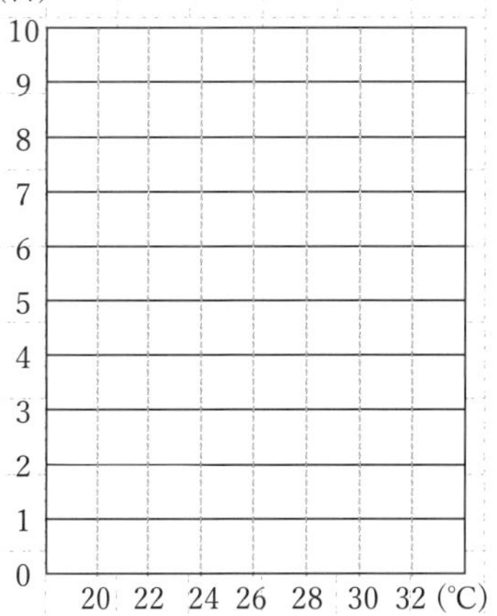

5-2 Check Point!  代表値

★ 代表値

代表値には主に，　　　，　　　，　　　がある。

★ 平均値

変量 x について，データの総和をデータの個数でわった値を平均値といい，　　で表す。

$\overline{x}=$　　　　　　　　度数分布表による平均値 $\overline{x}=$

例）下の度数分布表の平均値

階級(℃)	度数	階級値×度数	値
20〜22	3		
22〜24	2		
24〜26	5		

★ 中央値

すべてのデータを小さい順に並べたとき，中央にくる値を　　　または　　　という。

データの個数が　　　の場合は，中央の 2 つの値の　　　を中央値とする。

例）7 個のデータ 1，2，3，3，4，4，5 の中央値＝

　8 個のデータ 1，2，3，3，4，4，5，6 の中央値＝

★ 最頻値

もっとも個数の多い値をそのデータの　　　または　　　という。

度数分布表のときは，度数がもっとも大きい階級の　　　を最頻値とする。

★ 代表値には，　　　をつけて答える。

【Q】次の問いに答えなさい。

(1) 下のデータは，生徒 10 人が小テストを行ったときの得点である。

8　4　5　4　6　8　5　9　3　5 (点)

① このデータの平均値，中央値，最頻値を求めなさい。

(2) 右の表は，ある女子生徒 20 名の 50m 走の記録を度数分布表にまとめたものである。

① 平均値を求めなさい。

② 最頻値を求めなさい。

階級(秒) 以上　未満	度数 (人)	階級値 ×度数	
7.4 〜 7.8	2		
7.8 〜 8.2	5		
8.2 〜 8.6	6		
8.6 〜 9.0	4		
9.0 〜 9.4	3		
計	20		

(1) 下のデータは，あるスポーツ大会の参加チームの得点である。

2 3 1 2 5 2 4 1(点)

① 平均値を求めなさい。 ② 中央値を求めなさい。 ③ 最頻値を求めなさい。

(2) 右の表は，ある店のドーナッツの 30 日間の売上数を度数分布表にまとめた ものである。

階級(個) 以上　　未満	度数 (日)
20 ～ 30	1
30 ～ 40	5
40 ～ 50	10
50 ～ 60	9
60 ～70	5
計	30

① 最頻値を求めなさい。

② 平均値を求めなさい。

③ 階級値を使わないで平均値を求めると，データの平均値はどのような範囲に入るか。☆

(3) 次のデータは，ある店のドーナッツの価格である。ただし，a は 0 以上の整数。☆

100 190 250 160 180 a (円)

① a の値がわからないとき，このデータの中央値として何通りの値があるか。

② このデータの平均値が 180 円であるとき，a の値を求めよ。

5-3 Check Point! 四分位数

★ 四分位数

・データを大きさの順に並べたとき，最　　値，第　　四分位数，第　　四分位数，第　　四分位数，最　　値の値を定めることができる。一番小さい値を　　　　。一番大きい値を　　　　。

・４分割する３つの数を　　　　　　という。

・四分位数は，値の小さいほうから，第１四分位数(　　)，第２四分位数(　　)，第３四分位数(　　)。

・第２四分位数は，　　　　　　と同じ。

例）小さい順に並べた 11 個のデータ

1，2，2，3，4，5，5，5，6，7，7

★ 四分位数を求める手順

① データを小さい順に並べ，　　　　　を求める。

② ①の中央値を境として，中央値　　　　の下組と，中央値　　　　の上組に分ける。

*データの個数が　　　　の場合は，中央値はどちらの組にも入れない。

③ ②で分けたそれぞれの組の　　　　　を求める。

★ 最小値，最大値，四分位数は，　　　　をつけて答える。

★ データの散らばりの度合い

・範囲 =

・四分位範囲 =

・四分位偏差 = 四分位範囲

・外れ値 ≦ Q_1 −　　　× 四分位範囲，Q_3 +　　　× 四分位範囲 ≦ 外れ値

【Q】下のデータは，ある 10 人の生徒の数学のテストの得点である。

7　4　5　4　6　6　5　10　1　5 (点)

(1) 最小値，最大値を答えなさい。

(2) 四分位数を求めなさい。

(3) 範囲を求めなさい。

(4) 四分位範囲を求めなさい。

(5) 四分位偏差を求めなさい。

(6) 外れ値はあるか、あればその値を答えなさい。

(1) 下のデータは，あるクラスの生徒の数学，英語 の得点である。（単位は点）次の問いに答えなさい。

数学：6 4 4 2 5 4 3 5 7 10

英語：7 5 3 8 7 2 9 6 3

① 数学，英語 について，最小値と最大値をそれぞれ求めなさい。

② 数学，英語について，四分位数をそれぞれ求めなさい。

③ 数学，英語について，範囲を求めなさい。

④ 数学，英語について，四分位範囲を求めなさい。

⑤ 数学，英語について，四分位偏差を求めなさい。

⑥ 外れ値はあるか、あればその値を答えなさい。

5-4 Check Point! 箱ひげ図

★ 箱ひげ図

下の図のように，最小値，第 1 四分位数，第 2 四分位数，第 3 四分位数，最大値を，箱と線(ひげ)を使って図に表したものを，　　　　　という。

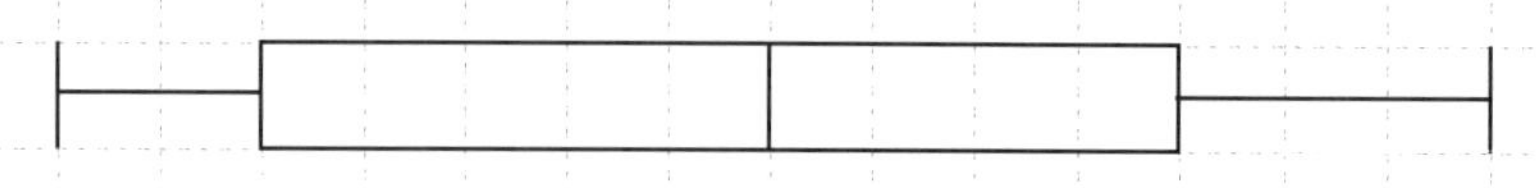

★ 箱ひげ図をかく手順

例）最小 = 1，$Q_1 = 3$，$Q_2 = 5$，$Q_3 = 6$，最大 = 8

① 最小値，最大値，四分位数の縦線を　　　かく。

② Q_1 を左端，Q_3 を右端とする　　をかく。

③ 箱の両端から最小値，最大値まで　　　をかく。

★ データの散らばりの度合い

・範囲 =

・四分位範囲 =

・四分位偏差 = 四分位範囲

・外れ値 ≦ Q_1 −　　　× 四分位範囲，Q_3 +　　　× 四分位範囲 ≦ 外れ値

【Q】下のデータは，ある 10 人の生徒のテストの得点である。

4　9　3　4　2　8　5　7　6　9（点）

(1) このデータの箱ひげ図をかきなさい。

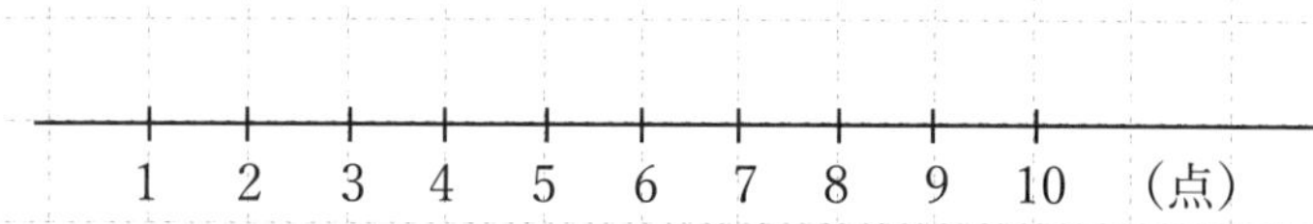

(2) 四分位範囲を求めなさい。

(3) 四分位偏差を求めなさい。

(4) 外れ値はあるか、あればその値を答えなさい。

5-4 箱ひげ図

(1) 下のデータは，A，B の生徒の各科目におけるテストの得点である。（単位は点）

A：64　79　83　54　32　58　45　71　55

B：49　81　38　54　72　88　54　67　61

① A，B それぞれのデータの箱ひげ図をかきなさい。

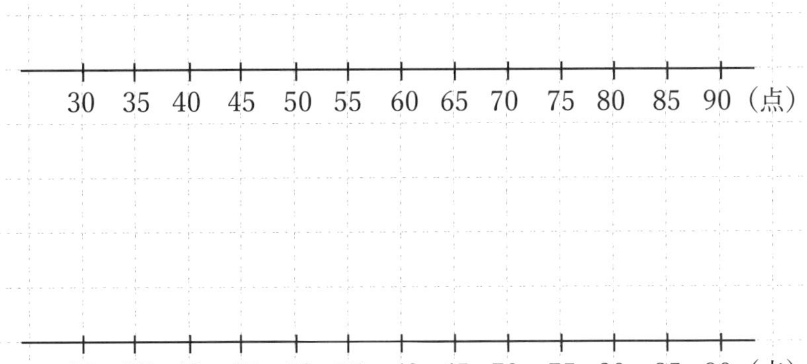

② A，B それぞれの四分位範囲を求めなさい。

③ A，B それぞれの四分位偏差を求めなさい。

④ 外れ値はあるか、あればその値を答えなさい。

(2) 次の ①～③ のヒストグラムに対応している箱ひげ図を（ⅰ）～（ⅲ）のうちから選べ。

① 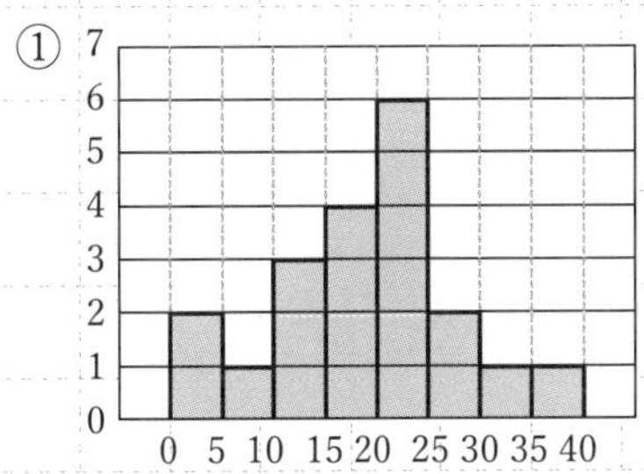

② 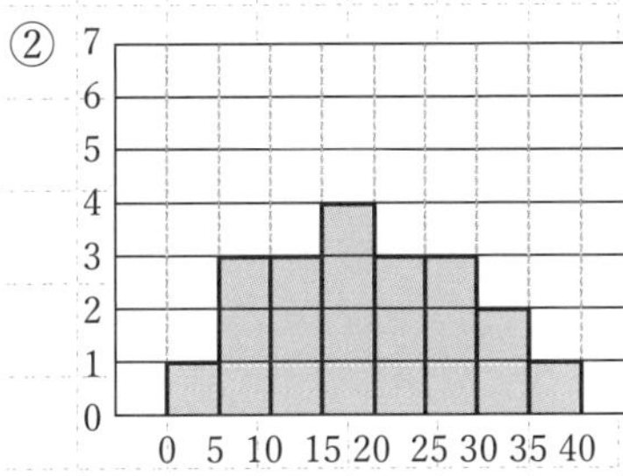

③ 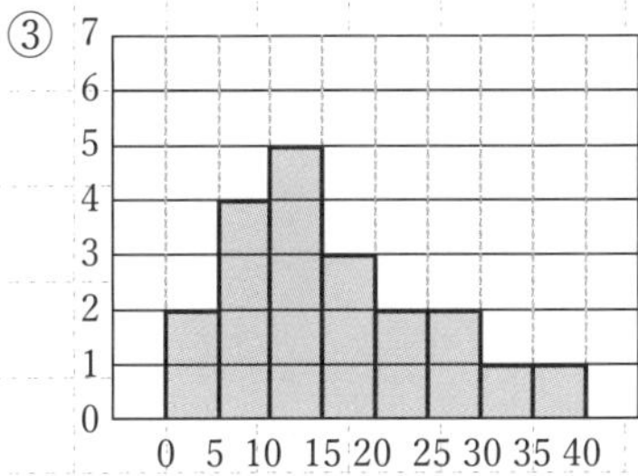

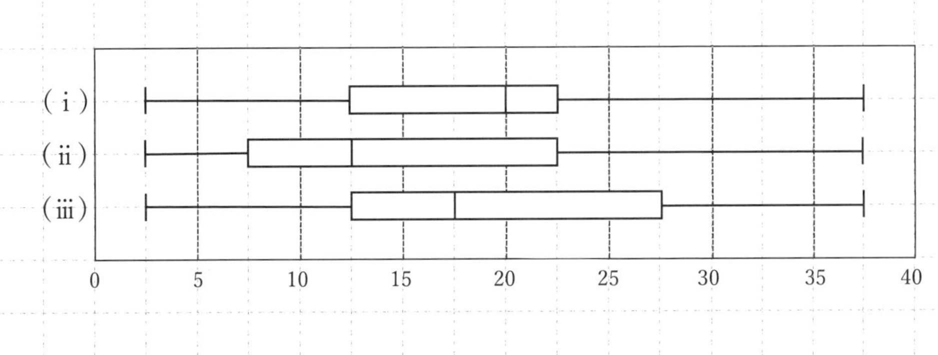

5-5 Check Point!  箱ひげ図の読み取り

★ 箱ひげ図の読み取り方

・箱ひげ図のデータを読み取るとき，最小値，第 1 四分位数，中央値，第 3 四分位数，最大値のそれぞれの値が何番目になるかを図にかきこんでから考える。

例）30 人のデータ

【Q】下の図は，A 店，B 店，C 店，D 店のドーナッツの売上数を 31 日間調べたデータを，箱ひげ図に表したものである。次の問いに答えなさい。

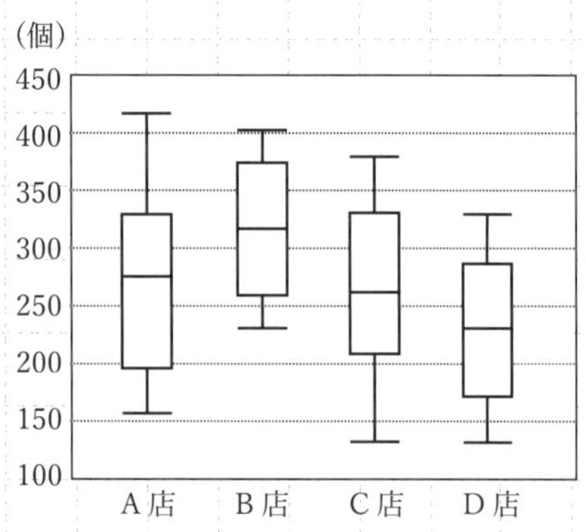

(1) 売上数が 400 個を超えた日があった店を，すべて答えなさい。

(2) C 店において，売上数が 250 個を超えたのは，最低でも何日あったかを答えなさい。

(3) 売上数が 200 個を下回る日が 8 日以上あった店を，すべて答えなさい。

5-5 箱ひげ図の読み取り

(1) 下の図は，31 日間にわたる A 店，B 店，C 店の 1 日の売り上げ数を箱ひげ図に表したものである。

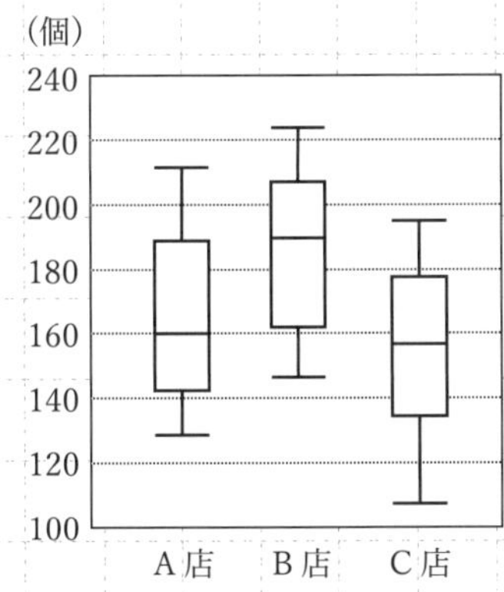

① 売上数が 160 個未満の日が 16 日以上あった店をすべて答えなさい。

② 売上数が 180 個以上の日が 8 日以上あった店をすべて答えなさい。

③ C 店において，1 日の売上数が 140 個を超えたのは，最大で何日あったか答えなさい。

(2) 下の図は，A 市，B 市，C 市の 1 日の最高気温を 200 日間調べ，箱ひげ図に表したものである。
この箱ひげ図から読み取れることとして正しいものを，次の①～⑤からすべて選びなさい。

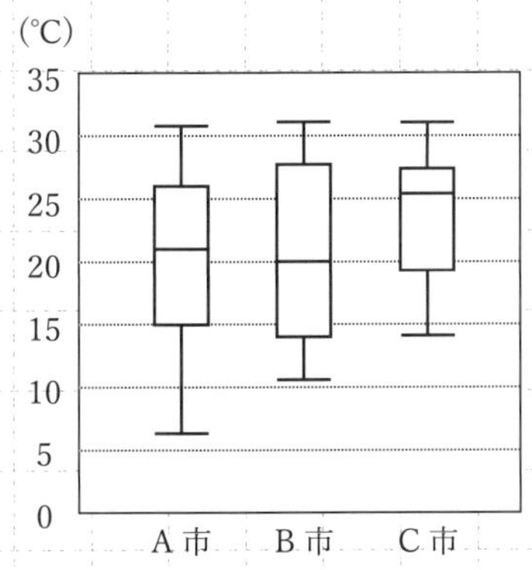

① 範囲が最も大きいのは B 市である。

② 四分位範囲が最も小さいのは C 市である。

③ 20℃以上の日は，A 市と B 市が 100 日以上，C 市が 150 日以上ある。

④ 15℃未満の日は，A 市と C 市が 50 日以下，B 市が 50 日以上ある。

⑤ 10℃以上 15℃未満の日は，B 市と C 市にはあるが，A 市にはない。

5-6 Check Point! 分散と標準偏差

★ 分散と標準偏差

・データの　　　　　具合を数値で表したもの

・変量 x のデータの値を x_1, x_2, …, x_n とし，これらの平均値を　　で表す。

・偏差 ： $x_1-\overline{x}$, $x_2-\overline{x}$, …,　　　　　（個々のデータ－平均）

・分散(s^2)：$s^2=$

・標準偏差(s) ： $s=$

★ 標準偏差は，データと　　　単位になる。

★ 分散の値が大きいほど，データの散らばりは　　　。

★ 標準偏差を求める手順

① データの　　　　を求める。

② 個々のデータについて　　　を求める。

③ 個々のデータの　　　　　する 。

④ ③の　　　　が分散になる。

　分散の正の平方根を　　　　　とする。

	x	$x-\overline{x}$	$(x-\overline{x})^2$
x_1			
x_2			
x_3			
合計			
平均値			

【Q】下のデータは，A と B の 5 回の小テストの得点である。

A：6　8　10　7　4（点）

B：3　7　5　4　6（点）

(1) A について，分散と標準偏差を求めなさい。

	x	$x-\overline{x}$	$(x-\overline{x})^2$
x_1			
x_2			
x_3			
x_4			
x_5			
合計			
平均値			

(2) B について，分散と標準偏差を求めなさい。

	x	$x-\overline{x}$	$(x-\overline{x})^2$
x_1			
x_2			
x_3			
x_4			
x_5			
合計			
平均値			

(3) A と B では，どちらのデータの散らばりが大きいか答えなさい。

(1) 下のデータは，A と B がゲームをしたときの得点である。

A：8　9　7　4　7（点）　　B：4　2　6　5　8（点）

① A について，分散と標準偏差を求めなさい。

	x	$x-\overline{x}$	$(x-\overline{x})^2$
x_1			
x_2			
x_3			
x_4			
x_5			
合計			
平均値			

② B について，分散と標準偏差を求めなさい。

	x	$x-\overline{x}$	$(x-\overline{x})^2$
x_1			
x_2			
x_3			
x_4			
x_5			
合計			
平均値			

③ A と B では，どちらのデータの散らばりが大きいか答えなさい。

(2) 次のデータは，ある 6 人の小テストの得点の結果である。☆

14　11　10　18　16　9（点）

① このデータの平均値を求めよ。

② このデータには採点ミスがあり，18 点は正しくは 17 点，9 点は正しくは 10 点であった。
この誤りを修正したとき，このデータの平均値，分散は，修正前からどうなるか答えよ。

③ ②の修正後，他の 1 人の生徒に小テストを行ったところ，13 点であった。この生徒を加えた 7 人の分散は，加える前と比較してどうなるか答えよ。

5-7 Check Point! データの相関と散布図

★データの相関と散布図

・2つの変量 x, y からなるデータを座標とする点を，平面上に示した図を　　　　という。

・2つの変量 x と y の間に，一方が増えると他方も増える傾向があるとき，　　の相関があるという。

・2つの変量 x と y の間に，一方が増えると他方は減る傾向があるとき，　　の相関があるという。

・正の相関も負の相関もみられないとき，相関が　　　　という。

・点の分布が直線に近づくほど相関が　　　　という。

例)

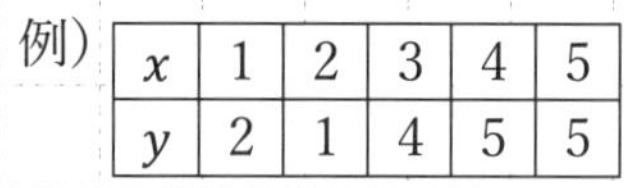

x	1	2	3	4	5
y	2	1	4	5	5

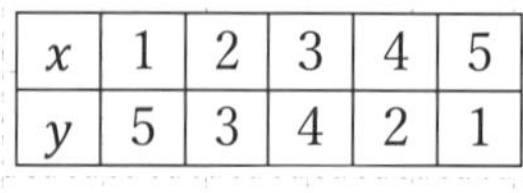

x	1	2	3	4	5
y	5	3	4	2	1

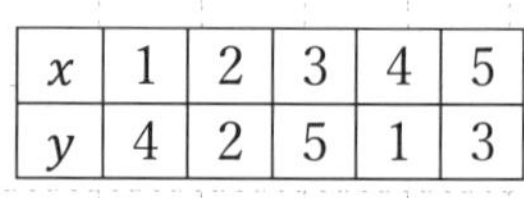

x	1	2	3	4	5
y	4	2	5	1	3

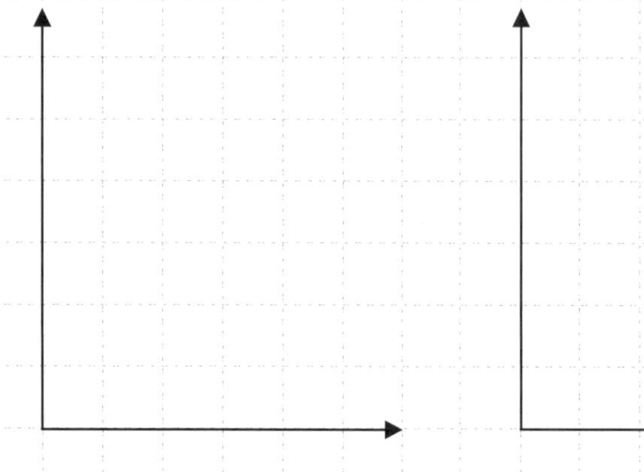

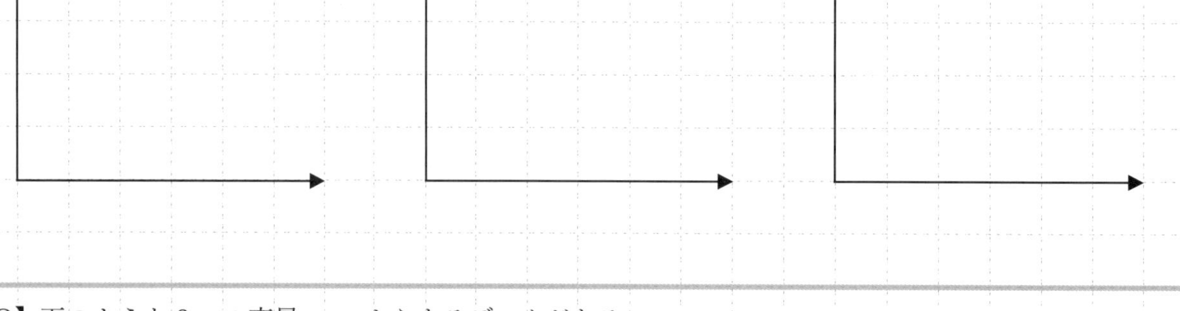

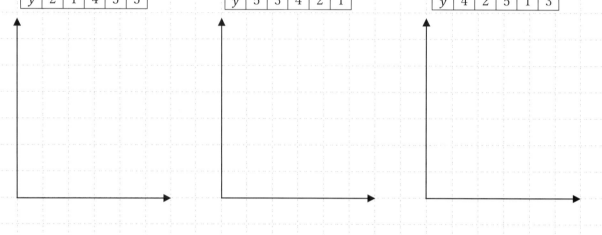

【Q】下のような2つの変量 x, y からなるデータがある。

x	9	5	5	8	4	3	12	7	6	11
y	9	12	11	10	12	11	6	9	10	5

(1) 散布図をかきなさい。

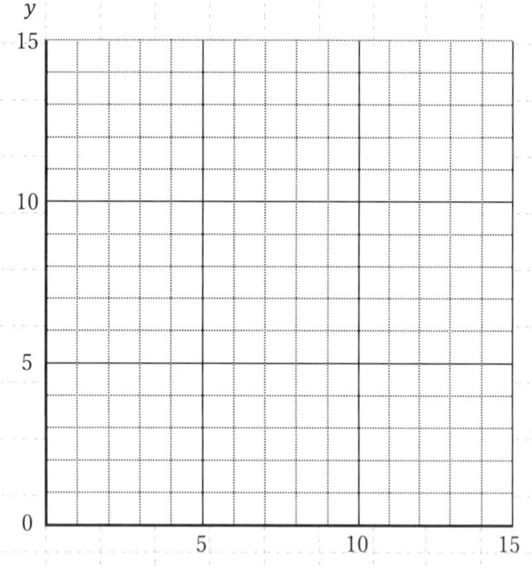

(2) x と y の間にどのような傾向がみられるか答えなさい。

5-7 データの相関と散布図

(1) 下のような2つの変量 x, y からなるデータがある。

x	4	8	12	8	9	3	4	9	8	3
y	7	11	11	10	12	4	8	7	8	6

① 散布図をかきなさい。

② x と y の間にどのような傾向がみられるか答えよ。

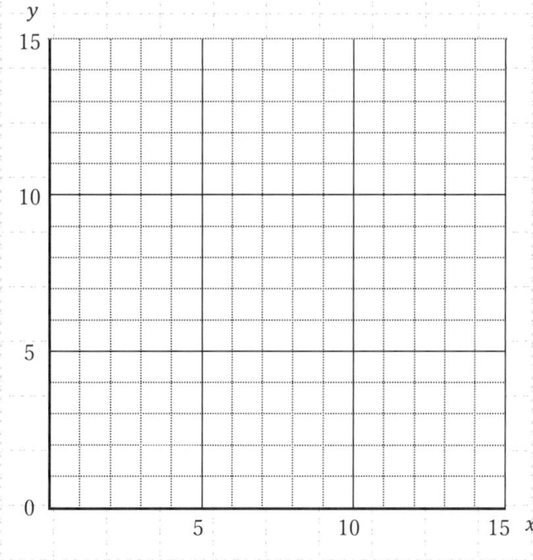

(2) 右の散布図は，鳥取市のある月の30日間について，日ごとに最低気温を横軸，最高気温を縦軸にとったものである。この散布図から読み取れる内容として正しいものを，次の①～⑥から選べ。

① 最低気温が上がるにつれて最高気温も上がる傾向にある。

② 最高気温が17℃以下である日は，全部で8日以上ある。

③ 最低気温の範囲より，最高気温の範囲が小さい。

④ 最低気温が10℃を超える日の最高気温は，すべて20℃以上である。

⑤ 最低気温が最も高い日の最高気温は26℃未満である。

⑥ 最低気温と最高気温の間には負の相関関係がある。

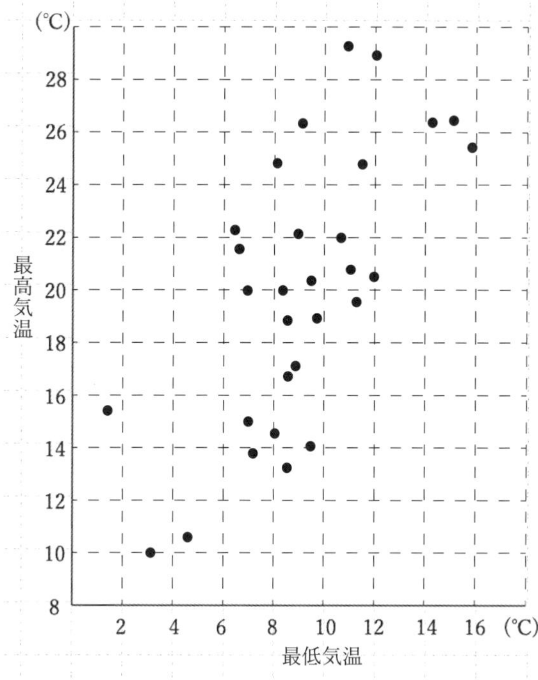

第5章 データの分析

5-8 Check Point! 共分散と相関係数

★ 共分散と相関係数

x と y の共分散(S_{xy})：

x と y の相関係数(r)：$r=$

＊　　≦ r ≦

★ 相関係数を求める手順

① データの　　　を求める。

②　　　　の平均値を求める。

③　　　　の平均値を求める。

④ 個々の　　　　　　を求める。

⑤ ④の平均値の　　　　を求める。

⑥ 相関係数＝

	x	y	$x-\overline{x}$	$(x-\overline{x})^2$	$y-\overline{y}$	$(y-\overline{y})^2$	$(x-\overline{x})(y-\overline{y})$
(1)							
(2)							
(3)							
合計							
平均							

【Q】下の表は，ある生徒５人の２つの科目のテスト x, y の得点を表したものである。

生徒	①	②	③	④	⑤
x	9	7	13	10	11
y	7	9	15	18	11

(1) 下の表を完成させなさい。

	x	y	$x-\overline{x}$	$(x-\overline{x})^2$	$y-\overline{y}$	$(y-\overline{y})^2$	$(x-\overline{x})(y-\overline{y})$
①							
②							
③							
④							
⑤							
合計							
平均							

(2) 相関係数 r を求めなさい。

(1) 下の表は，ある生徒 5 人の 2 つの科目のテスト x, y の得点を 表したものである。

生徒	①	②	③	④	⑤
x	42	44	50	46	48
y	45	43	44	46	42

① 次の表を完成させなさい。

	x	y	$x-\overline{x}$	$(x-\overline{x})^2$	$y-\overline{y}$	$(y-\overline{y})^2$	$(x-\overline{x})(y-\overline{y})$
①							
②							
③							
④							
⑤							
合計							
平均							

② 相関係数 r を求めなさい。

(2) 19 人が数学と英語の試験を受けた。数学の点を x点，英語の点を y点，x，yの平均を $\overline{x}$，$\overline{y}$，x，yの分散を$s_x{}^2$，$s_y{}^2$，xと yの共分散を s_{xy}とする。このとき，$\overline{x}=10$，$\overline{y}=12$，$s_x{}^2=10$，$s_y{}^2=6$，$s_{xy}=3$ だった。20 人目の生徒が同じ数学と英語の試験を受け，数学が 10 点，英語が 12 点であった。

この生徒を加えた 20 人の数学，英語の得点の平均値，分散，共分散をそれぞれを$\overline{\mathrm{X}}$，$\overline{\mathrm{Y}}$，$\mathrm{s_X}{}^2$，$\mathrm{s_Y}{}^2$，$\mathrm{s_{XY}}$とおくとき，次の値を求めよ。☆

① $\overline{\mathrm{X}}$

② $\mathrm{s_Y}{}^2$

③ $\mathrm{s_{XY}}$

④ 生徒を加えた後の相関係数 r

第5章 データの分析

5-9 Check Point! 変量の変換 ☆

★ 分散の変形

・$S^2 = \frac{1}{n}\{(x_1 - \bar{x})^2 + (x_2 - \bar{x})^2 + \cdots + (x_n - \bar{x})^2\}$

例）6 個のデータの平均値 4，標準偏差 3，6 個のデータの平均値 8，標準偏差 5 の全体の平均値と分散

★ 変量の変換

変量を関係式によって別の変量に変えることを変量の　　　　という。

変量 x を $y = ax + b$ によって新しい変量 y に変換するとき，次のことが成り立つ。

$\overline{y} =$　　　　　　$s_y{}^2 =$　　　　　　$s_y =$

例）平均値 $\overline{x} = 35$，分散 $s_x{}^2 = 16$ のとき，$y = 2x + 3$ の平均値 $\overline{y}$，分散 $s_y{}^2$，標準偏差 s_y

【Q】次の変量 x のデータについて，

534，520，555，534，583，562（点）

(1) $u = x - 520$ とおくことにより，変量 u のデータの平均値 $\overline{u}$ を求め，平均値 $\overline{x}$ を求めよ。

x	534	520	555	534	583	562	
u							

(2) $v = \dfrac{x - 520}{7}$ とおくことにより，変量 x のデータの分散と標準偏差を求めよ。

x	534	520	555	534	583	562	
v							
v^2							

5-9 変量の変換 ☆

(1) 20 個の値からなるデータがあり，そのうちの 8 個の値の平均値は 3，分散は 4,
残りの 12 個の値の平均値は 8，分散は 9 である。

① このデータの平均を求めよ。

② このデータの分散を求めよ。

(2) 次の変量 x のデータについて，

480，508，484，508，492，480（m）

① $u = x - 500$ とおくことにより，変量 u のデータの平均値 $\overline{u}$ を求め，これを利用して変量 x のデータの平均値 $\overline{x}$ を求めよ。

② $v = \dfrac{x-500}{4}$ とおくことにより，変量 x のデータの分散 ${s_x}^2$ と標準偏差 s_x を求めよ。

(3) 30 人の生徒に数学と英語の試験を行い，数学 x 点，英語 y 点のデータを取ったところ，x と y の共分散は 180，相関係数は 0.84 であった。得点調整のため，$z = 3x + 5$，$w = 2y - 8$ として新たな変量z，wを作るとき，z と w の共分散 s_{zw} と相関係数 r を求めよ。

5-10 Check Point!  仮説検定

★ 仮説検定

得られたデータをもとに，仮説を立て，ある主張が正しいかどうか判断する手法を　　　　　　という。

★ 仮説検定の手順

①「主張したいこと」とは　　　　　仮定を立てる。

② ①の仮定のもとで，与えられたデータの　　　　　を調べる。

③ 与えられたデータが基準となる確率より　　　　　場合，①の仮定は否定され，

「主張したいこと」が　　　　　と判断してよい。

例）サイコロを 30 回投げたら奇数の目が 21 回でた。A の主張「このサイコロは細工されている。」

[1] サイコロは細工されている

① [2]

② 基準となる確率

③

30 枚のコインを同時に 200 回投げた結果

表枚数	18	19	20	21	22	23	計
度数	17	9	7	4	1	1	200

【Q】次の問いに答えなさい。

ゆるキャラの T と K において，40 人に，どちらが好きかを調査したところ，T を選んだ人が 26 人，K を選んだ人が 14 人であった。この結果から，一般に T のほうが好まれると判断してよいか。

下の表は 40 枚のコインを同時に投げる実験を 200 回行った結果である。これを利用して答えなさい。

ただし，基準となる確率を 0.05 として考察すること。

表枚数	12	13	14	15	16	17	18	19	20	21	22	23	24	25	26	27	28	計
度数	1	1	4	7	13	11	21	28	29	24	19	17	11	7	4	2	1	200

(1) 靴をどちらの足から履くかを，30 人に，調査したところ，右足からという人が 21 人であった。

この結果から，一般に靴を右足から履くと判断してよいか。

下の表は 30 枚のコインを同時に投げる実験を 200 回行った結果である。これを利用して答えなさい。

ただし，基準となる確率を 0.05 として考察すること。

表枚数	8	9	10	11	12	13	14	15	16	17	18	19	20	21	22	23	計
度数	1	2	2	12	20	23	24	34	25	18	17	9	7	4	1	1	200

① 次の文中の____を埋めて，上記の考察を完成させなさい。

[1]　靴を右足から履く

と判断してよいかを考察するために次の________を立てる。

[2]　右から履くと左から履く人は____________にいる

コイン投げの実験結果を利用すると，表が 21 枚以上出る場合の相対度数は，

____

これは基準の確率______より小さい。

したがって，[2]の仮定が____________なかったと考えられる。

よって[1]の主張は____________。

つまり「靴を右足から履く」と________してよい。

(2) あるサイコロを 30 回投げたところ 1 の目が 1 回しか出なかった。この結果から，このサイコロは 1 の目が出にくいと判断してよいか。

下の表は公正なサイコロを同時に 30 個投げて 1 が出た個数を記録する実験を 500 回行った結果である。

これを利用して答えなさい。ただし，基準となる確率を 0.05 として考察すること。

1の目が出た個数	0	1	2	3	4	5	6	7	8	9	10	11	12	計
度数	3	10	48	54	91	115	81	39	35	12	7	2	3	500

High School
Mathematics I

第6章

略解

— Try Outの略解 —

第1章　数と式

1-1　整式 Try Out

P.13

(1) ① 係数：7，次数：8

$[x]$ 係数：$7yz^3$，次数：4

$[y]$ 係数：$7x^4z^3$，次数：1

② 係数：-2，次数：12

$[a]$ 係数：$-2b^3c^5$，次数：4

$[a とc]$ 係数：$-2b^3$，次数：9

③ 係数：$\frac{1}{5}$，次数：8

$[b]$ 係数：$\frac{a^2c}{5}$，次数：5

$[a とc]$ 係数：$\frac{b^5}{5}$，次数：3

(2) ① $[x]$ x^2+5x-5

② $[a]$ $-a^3+(-3x+2)a^2+(x^3+x^2)a+5x^2$

(3) ① $[x]$ 3次式，定数項：-7

② $[y]$ 1次式，定数項：$5x^2+4x-2$

(4) ① $5a^3+(x-1)a^2-3x^3a-2x^2$

② $(b-c)a^2+(-b^2+2bc-c^2)a+b^2-2bc+c^2$

1-2　整式の計算 Try Out

P.15

(1) ① $7x^2-4x-1$

② $-x^2-20x+13$

(2) ① $-24x^{10}y^5$

② $a^4b^{12}c^8$

③ $-27x^8y^7z^9$

④ $4x^5+24x^4-20x^3+28x^2$

⑤ $-8x^4+16x^3+24x^2$

⑥ $28x^3-39x^2+26x-3$

(3) $-5x^2+4xy-12y^2$

(4) $[x^2y^3]$ 38　　$[x^3y^2]$ 9

1-3　公式による展開 Try Out

P.17

(1) $16a^2+72a+81$

(2) $25x^4-60x^3+36x^2$

(3) x^2-121

(4) $16a^2-9b^2$

(5) x^2-x-56

(6) $16x^2-16xy-5y^2$

(7) $36a^4-78a^2+40$

(8) $35x^2+11x-72$

(9) $42x^2+17xy-4y^2$

(10) $a^2b^2-c^2$

(11) $9x^2-3xy+\frac{y^2}{4}$

(12) $24x^2-42x^2y-45xy^2$

1-4　置き換えによる展開 Try Out

P.19

(1) ① $x^2+2xy+y^2-2x-2y-63$

② $25a^2+20a+4-35ab-14b+12b^2$

③ $x^2+4y^2+9z^2-4xy+12yz-6zx$

④ $36a^2+16b^2+25c^2-48ab-40bc+60ca$

⑤ $a^2-b^2+2bc-c^2$

⑥ $-x^2-4zx-4z^2+y^2$

⑦ $a^2-2ad+d^2-b^2-2bc-c^2$

(2) 9

1-5　組み合せを利用した展開 Try Out

P.21

(1) $a^4-18a^2b^2+81b^4$

(2) $81x^4-y^4$

(3) x^8-32x^4+256

(4) $x^4+10x^3+35x^2+50x+24$

(5) $x^4-8x^3+7x^2+36x-36$

(6) x^4-17x^2+16

(7) x^8-y^8

(8) x^8-1

1-6　3次式の展開 Try Out

P.23

(1) ① $x^3+6x^2+12x+8$

② $27a^3+54a^2b+36ab^2+8b^3$

③ $x^3-9x^2y+27xy^2-27y^3$

④ x^3-8

⑤ a^3+27b^3

⑥ a^6+2a^3+1

(2) ① x^6-26x^3-27

② $a^{12}-3a^8b^4+3a^4b^8-b^{12}$

③ $a^3+b^3+c^3-3abc$

1-7 公式の因数分解 Try Out

P.25

(1) $5a^2b(a-5b)$

(2) $3ab(2a-4b+1)$

(3) $(x-8y)(x+2y)$

(4) $(a+8b)^2$

(5) $(4x-3)^2$

(6) $(7x+6y)(7x-6y)$

(7) $3(3a+1)^2$

(8) $9xy(x+2y)(x-2y)$

(9) $2x(x-y)(x-2y)$

(10) $\frac{1}{4}(x-2)^2$ または $\left(\frac{x}{2}-1\right)^2$

(11) $(x-a^2)(x-2a)$

(12) $-(a+b)(a-b)^2$

1-8 たすきがけの因数分解 Try Out

P.27

(1) $(x+1)(3x+2)$

(2) $(2x+1)(3x+7)$

(3) $(x-3)(4x+9)$

(4) $(2x-1)(3x-4)$

(5) $(2x+5y)(4x-3y)$

(6) $4(x-y)(3x-y)$

(7) $y(3x-4y)(4x+3y)$

(8) $2a(x+4y)(2x-3y)$

(9) $\frac{xy}{5}(x-2y)(2x-y)$

(10) $(ax+b)(bx-a)$

1-9 置き換えを利用する因数分解 Try Out

P.29

(1) $(2a+b)(x-y)$

(2) $(2x-1)(4x-9)$

(3) $(x+1)(x+3)(x^2+4x-7)$

(4) $(x+y)(a-1)$

(5) $(x+1)(x-1)(x^2-6)$

(6) $(x+y-2)(x-y+2)$

(7) $(2x+y)(2x-y)(x^2-5y^2)$

(8) $(x-y-2)(2x-2y+3)$

(9) $(x+1)(x-3)(x-1)^2$

(10) $(x-1)(x+2)(x^2+x-4)$

1-10 複数の文字の因数分解 Try Out

P.31

(1) $(a+1)(b-4)$

(2) $(x-1)(y-1)$

(3) $(a+b)(b+c)(b-c)$

(4) $(x+2)(x-2)(a-2y)$

(5) $(x+y-4)(x-y+4)$

(6) $(5x+2y-4)(5x-2y+4)$

(7) $(2x+3y+2)(2x-3y-2)$

(8) $(a-3)(a+b)$

(9) $(a-b)(a-2b)(c-3a)$

(10) $(4a+3)(a+b)(2a+b)$

1-11 式のたすきがけ Try Out

P.33

(1) $(x+y+1)(x+2y+1)$

(2) $(x-y+2)(x-3y-1)$

(3) $(x+2y-1)(2x-3y-1)$

(4) $(2a+b+1)(3a-3b+1)$

(5) $(x+y+1)(x+y+2)$

(6) $(x+y-3)(x-2y+1)$

(7) $(x-2y-1)(2x+y-3)$

(8) $(2x-3y-2)(3x+2y-3)$

1-12 複雑な因数分解 Try Out

P.35

(1) $-(a-b)(b-c)(c-a)$

(2) $-(a-b)(b-c)(c-a)$

(3) $x(x+5)(x^2+5x+10)$

(4) $(x-4)^2(x^2-8x+6)$

(5) $(x^2+x+3)(x^2-x+3)$

(6) $(x^2+y^2+3xy)(x^2+y^2-3xy)$

1-13　3次式の因数分解 Try Out

P.37

(1) $(x-5)(x^2+5x+25)$

(2) $(a+4b)(a^2-4ab+16b^2)$

(3) $(3a+2b)(9a^2-6ab+4b^2)$

(4) $\frac{1}{4}(a-2)(a^2+2a+4)$

(5) $(2a+b)(4a^2-2ab+b^2)(2a-b)(4a^2+2ab+b^2)$

(6) $(x+2)^3$

(7) $(x-3y)^3$

(8) $(2a-3b)^3$

(9) $(x-z)(x^2+y^2+z^2+zx)$

(10) $(a+b+2)(a^2+b^2+4-ab-2b-2a)$

(11) $(a+b+c)(a^2+b^2+c^2-ab-bc-ca)$

1-14　有理数・無理数 Try Out

P.39

(1) ① 自然数：$\frac{42}{7}$

② 整数：$\frac{42}{7}$，0

③ 有理数：$\frac{42}{7}$，-2.9，0，$0.\dot{2}6\dot{7}$，$-\sqrt{\frac{9}{16}}$

④ 無理数 $\sqrt{5}+8$，3π

(2) ① 0.625

② 0.12

③ $0.\dot{4}\dot{5}$

(3) 有限小数：$\frac{23}{4}$，$\frac{3}{16}$，$\frac{19}{125}$

無限小数：$\frac{5}{27}$，$\frac{7}{6}$，$\frac{8}{99}$

(4) 0

(5) 無理数

1-15　循環小数 Try Out

P.40

(1) $\frac{4}{9}$　(2) $\frac{1}{18}$　(3) $\frac{5}{11}$　(4) $\frac{218}{33}$

1-16　絶対値 Try Out

P.41

(1) 8　(2) 1　(3) -3

(4) $\pi-3$　(5) $\sqrt{10}-3$　(6) 1

(7) -8　(8) $2x-5$

1-17　$\sqrt{\ }$ をふくむ式の計算 Try Out

P.43

(1) 32

(2) $6\sqrt{2}$

(3) 0.07 $\left(\frac{7}{100}\right)$

(4) $18\sqrt{3}$

(5) 15

(6) $2\sqrt{5}-6\sqrt{6}+6\sqrt{2}-8\sqrt{3}$

(7) $30-12\sqrt{6}$

(8) $21-6\sqrt{6}$

(9) $-11\sqrt{15}$

(10) $6-2\sqrt{2}-2\sqrt{6}+2\sqrt{3}$

(11) $-2\sqrt{6}$

1-18　分母の有理化 Try Out

P.45

(1) $\frac{\sqrt{6}}{2}$　(2) $-\frac{\sqrt{2}}{6}$

(3) $3+\sqrt{5}$　(4) $-7+4\sqrt{3}$

(5) $3\sqrt{2}-\frac{\sqrt{3}}{18}$　(6) $8\sqrt{5}$

(7) $-3-\sqrt{2}+3\sqrt{3}$　(8) $5-3\sqrt{6}+2\sqrt{3}+4\sqrt{2}$

1-19　3項の有理化 Try Out

P.46

(1) $\frac{3\sqrt{2}-2\sqrt{3}+\sqrt{30}}{12}$

(2) $\frac{\sqrt{21}-\sqrt{70}}{7}$

1-20　式の値 Try Out

P.48

(1) ① 4　② 1　③ 12　④ 52

(2) ① $-2\sqrt{2}$　② 6　③ $-10\sqrt{2}$　④ 34

(3) ① 0　② $-12+4\sqrt{5}$

1-21　整数部分と小数部分 Try Out

P.49

(1) $4+32\sqrt{5}$

1-22　二重根号 Try Out

P.51

(1) ① $x-6$　② $-x+6$

(2) ① $\sqrt{3}+1$　② $\sqrt{15}-1$

③ $\sqrt{10}+\sqrt{2}$　④ $3-\sqrt{2}$

⑤ $\frac{\sqrt{10}+\sqrt{6}}{2}$　⑥ $\frac{3\sqrt{2}-\sqrt{14}}{2}$

(3) 等しい式：③

1-23 1次不等式 Try Out

P.53

(1) ① $x \geqq 2$ ② $x < -9$

③ $x \geqq -8$ ④ $x > 3$

⑤ $x \geqq -6$ ⑥ $x \geqq -\frac{9}{7}$

⑦ $x < 6$ ⑧ $x < -7 - 4\sqrt{3}$

(2) ① $2 < 4x + y < 24$

② $-2 < 2x - y < 12$

1-24 連立不等式 Try Out

P.55

(1) $\frac{5}{4} < x \leqq 3$

(2) $x < \frac{6}{7}$

(3) $x < 2$

(4) $3 \leqq x < 5$

(5) $3 < x \leqq 4$

(6) $-\frac{3}{4} < x \leqq -\frac{2}{3}$

1-25 不等式を満たす整数 / 係数に文字を含む不等式 Try Out

P.57

(1) $n = 1,\ 2,\ 3,\ 4,\ 5$

(2) $1 < a \leqq \frac{3}{2}$

(3) ① $a > 0$ のとき，$x > \frac{3}{a}$

$a = 0$ のとき，解はない

$a < 0$ のとき，$x < \frac{3}{a}$

② $a > -1$ のとき，$x > 4$

$a = -1$ のとき，解はない

$a < -1$ のとき，$x < 4$

1-26 不等式の文章題 Try Out

P.59

(1) リンゴ：10 個

(2) 歩く道のり：$\frac{5}{3}$km 以上，$\frac{10}{3}$km 以下

(3) 食塩：$\frac{40}{3}$g 以上，$\frac{105}{2}$g 以下

(4) 梨：40 個以上

1-27 絶対値をふくむ方程式 Try Out

P.61

(1) ① $x = \pm 7$ ② $x = 11,\ -7$

③ $x = 1$ ④ $x = -3$

(2) $x = -\frac{1}{3},\ \frac{5}{3}$

(3) $x = -\frac{1}{2}$

1-28 絶対値をふくむ不等式 Try Out

P.63

(1) ① $-2 \leqq x \leqq 6$ ② $x < \frac{1}{3}$，$1 < x$

③ $\frac{1}{5} < x$ ④ $x \leqq -2,\ 1 \leqq x$

⑤ $-1 < x < 3$

(2) ① $-a + 4 \leqq x \leqq a + 4$

② 整数 x：7 個

③ $2 \leqq a < 3$

第2章　集合と論証

2-1　集合と要素 Try Out

P.67

(1) ① $\notin$　② $\in$　③ $\in$　④ $\notin$

(2) ① $A=\{1, 2, 3, 6, 9, 18\}$

② $B=\{1, 3, 5, 7, 9, 11, 13, 15, 17, 19\}$

③ $C=\{-2, -1, 0, 1\}$

④ $D=\{1, 3, 5\}$

(3) ① $A=\{4n \mid n$は整数，$1 \leqq n \leqq 5\}$

② $B=\{3x \mid x$は整数，$2 \leqq x \leqq 78\}$

③ $C=\{3n+2 \mid n$は整数，$1 \leqq n \leqq 50\}$

④ $D=\{x^2 \mid x$は整数, $1 \leqq x \leqq 9\}$

2-2　部分集合 Try Out

P.69

(1) ① $A \subset B$　② $D \subset C$

③ $A=B$　④ $C=D$

(2) B, C, E

(3) D, E

(4) ① φ, $\{1\}$, $\{3\}$, $\{1, 3\}$

② $\varphi, \{x\}, \{y\}, \{z\}, \{x, y\}, \{y, z\}, \{x, z\}, \{x, y, z\}$

2-3　共通部分と和集合 Try Out

P.70

(1) ① $A \cap B=\{6, 12\}$

② $A \cup B=\{3, 4, 6, 8, 9, 10, 12\}$

2-4　3つの集合 Try Out

P.71

(1) ① $A \cap B \cap C=\{3, 4\}$

② $A \cup B \cup C=\{1, 2, 3, 4, 5, 6, 7, 8, 9\}$

2-5　補集合 Try Out

P.73

(1) ① $\overline{A}=\{4, 5, 8, 9, 10\}$

② $\overline{B}=\{1, 2, 4, 6, 8\}$

③ $A \cup \overline{B}=\{1, 2, 3, 4, 6, 7, 8\}$

④ $\overline{A} \cup \overline{B}=\{1, 2, 4, 5, 6, 8, 9, 10\}$

⑤ $\overline{A \cup B}=\{4, 8\}$

⑥ $\overline{\overline{A} \cup B}=\{1, 2, 6\}$

(2) ① $\overline{A}=\{2, 4, 5, 9, 10\}$

② $\overline{B}=\{1, 2, 4, 6, 7\}$

③ $\overline{A} \cup B=\{2, 3, 4, 5, 8, 9, 10\}$

④ $\overline{A} \cup \overline{B}=\{1, 2, 4, 5, 6, 7, 9, 10\}$

⑤ $\overline{A \cup B}=\{2, 4\}$

⑥ $\overline{A \cup \overline{B}}=\{5, 9, 10\}$

2-6　いろいろな集合問題 Try Out

P.75

(1) ① $A \cap \overline{B}=\{2, 7\}$

② $A=\{2, 3, 7, 8\}$

③ $A \cup \overline{B}=\{1, 2, 3, 4, 7, 8, 10\}$

(2) $a=-3$,　$b=8$

(3) ① $(A \cup B) \cap C=\{3, 4, 6, 12\}$

② $(\overline{A} \cap \overline{B}) \cup C=\{1, 2, 3, 4, 5, 6, 7, 10, 11, 12\}$

③ $A \cap \overline{B} \cap C=\{3, 6\}$

④ $(A \cap C) \cup (B \cap C)=\{3, 4, 6, 12\}$

2-7　命題と集合 Try Out

P.77

(1) ① 偽，反例：1

② 真

③ 偽，反例：$x=3$, $y=3$, $z=7$

④ 偽，反例：$a=2$, $b=-3$

⑤ 偽，反例：$a=-2$, $b=1$

⑥ 真

(2) ① 偽，反例：$x=2$

② 真

③ 真

④ 偽，反例：24

⑤ 偽，反例：$x=-3$

⑥ 真

⑦ 偽，反例：$a=-1$, $b=1$

⑧ 偽，反例：$a=\sqrt{2}$, $b=\sqrt{2}$

2-8　必要条件と十分条件 Try Out

P.79

(1) 必要十分　(2) 必要

(3) ×　(4) 十分

(5) 必要十分　(6) ×

(7) ×　(8) 必要

2-9 条件の否定 Try Out

P.81

(1) ① $x \geqq -3$

② $a,\ b$ はともに無理数

③ n は偶数または5の倍数でない

④ $x \neq 3$ または$y = 4$

⑤ $x \geqq 1$ かつ $y < -2$

⑥ $x \leqq -4$ または $1 < x$

⑦ $ab \leqq 0$ または $a + b < 1$

⑧ すべての実数 x について $(x-2)^2 \leqq 0$

(2) ① $x < -3$または $-2 < x$

② $x \leqq -2$ または$3 < x$

(3) ① 否定：ある実数 x について $(x-3)^2 \leqq 0$

もと：偽　　否定：真

② 否定：すべての実数 $x,\ y$について$x^2 + y^2 < 0$

もと：真　　否定：偽

2-10 逆・裏・対偶 Try Out

P.82

(1) ① はじめの命題：真

逆：$x^2 = 9 \Longrightarrow x = 3$　偽，反例：$x = -3$

裏：$x \neq 3 \Longrightarrow x^2 \neq 9$　偽，反例：$x = -3$

対偶：$x^2 \neq 9 \Longrightarrow x \neq 3$　真

② はじめの命題：真

逆：$a,\ b$ の少なくとも一方は奇数 $\Longrightarrow$

ab は奇数　偽，反例：$a = 1,\ b = 2$

裏：ab は偶数 $\Longrightarrow$ $a,\ b$ はともに偶数

偽，反例：$a = 2,\ b = 1$

対偶：$a,\ b$はともに偶数$\Longrightarrow ab$は偶数　真

2-11 対偶を利用した証明 Try Out

P.84

(1) この命題の対偶「nは奇数$\Longrightarrow n^2 + 1$は偶数」を証明する。nを奇数とすると，ある整数 k を用いて，$n = 2k + 1$と表せる。したがって，

$n^2 + 1 = (2k+1)^2 + 1$

$= 4k^2 + 4k + 2$

$= 2(2k^2 + 2k + 1)$

$2k^2 + 2k + 1$ は整数なので，$2(2k^2 + 2k + 1)$ は偶数となるので，$n^2 + 1$は偶数である。よって，対偶が証明されたので もとの命題も成り立つ。

(2) この命題の対偶「$a,\ b$ はともに4以下 $\Longrightarrow$ $a^2 + b^2 \leqq 32$」を証明する。

$a \leqq 4$ より，$a^2 \leqq 16$ …①

$b \leqq 4$ より，$b^2 \leqq 16$ …②

①，②の辺々を加えると，$a^2 + b^2 \leqq 32$

よって，対偶が証明されたので，もとの命題も成り立つ。

(3) この命題の対偶「$x,\ y$ はともに奇数$\Longrightarrow xy$ は奇数」を証明する。

$x,\ y$を奇数とすると，ある整数 m, n を用いて，$x = 2m + 1,\ y = 2n + 1$と表せる。よって，

$xy = (2m+1)(2n+1)$

$= 4mn + 2m + 2n + 1$

$= 2(2mn + m + n) + 1$

$2mn + m + n$ は整数なので xy は奇数。

よって，対偶が証明されたので，もとの命題も成り立つ。

(4) この命題の対偶「nが5の倍数でない$\Longrightarrow$ n^2は5の倍数でない」を証明する。

nが5の倍数でないとき, n はある整数kを用いて $5k+1,\ 5k+2,\ 5k+3,\ 5k+4$のいずれかで表せる。

[1] $n = 5k + 1$ のとき

$n^2 = (5k+1)^2 = 25k^2 + 10k + 1 = 5(5k^2 + 2k) + 1$

[2] $n = 5k + 2$ のとき

$n^2 = (5k+2)^2 = 25k^2 + 20k + 4 = 5(5k^2 + 4k) + 4$

[3] $n = 5k + 3$ のとき

$n^2 = (5k+3)^2 = 25k^2 + 30k + 9 = 5(5k^2 + 6k + 1) + 4$

[4] $n = 5k + 4$ のとき

$n^2 = (5k+4)^2 = 25k^2 + 40k + 16$

$= 5(5k^2 + 8k + 3) + 1$

よって，[1]～[4] のいずれの場合も n^2 は5の倍数でない。よって，対偶が証明されたので，もとの命題も成り立つ。

2-12 背理法を利用した証明 Try Out

P.86

(1) $\sqrt{2}+\sqrt{10}$ が無理数でないと仮定すると，

$\sqrt{2}+\sqrt{10}$ は有理数であるから，

$\sqrt{2}+\sqrt{10}=a$ (a は有理数)と表せる。

この式の両辺を 2 乗すると，

$$\left(\sqrt{2}+\sqrt{10}\right)^2=a^2$$

$$12+4\sqrt{5}=a^2$$

$$\sqrt{5}=\frac{a^2-12}{4}$$

a は有理数であるから，右辺の $\frac{a^2-12}{4}$ は有理数であり，左辺の$\sqrt{5}$ が無理数であることに矛盾する。よって，$\sqrt{2}+\sqrt{10}$ は無理数である。

(2) ① $b=0$ でないと仮定すると

$$a+b\sqrt{2}=0 \quad \sqrt{2}=-\frac{a}{b}$$

右辺の $-\frac{a}{b}$ は有理数であり，左辺の$\sqrt{2}$ が無理数であることに矛盾する。よって，$b=0$

$b=0$ を $a+b\sqrt{2}=0$ に代入すると

$$a+0\times\sqrt{2}=0$$

$$a=0$$

したがって，$a+b\sqrt{2}=0$ ならば $a=b=0$ が成り立つ。

② $a+b\sqrt{2}=-1+3\sqrt{2}$

$(a+1)+(b-3)\sqrt{2}=0$

①より，$a+1=0,\ b-3=0$

よって $a=-1,\ b=3$

(3) $a,\ b,\ c$ のすべてが奇数であると仮定すると，

$a=2l+1,\ b=2m+1,\ c=2n+1$

(l,m,n は 0 以上の整数) と表すことができる。

$$\begin{aligned}a^2+b^2&=(2l+1)^2+(2m+1)^2\\&=4l^2+4l+1+4m^2+4m+1\\&=2(2l^2+2l+2m^2+2m+1)\end{aligned}$$

よって，a^2+b^2は偶数である。一方，

$$\begin{aligned}c^2&=(2n+1)^2\\&=4n^2+4n+1\\&=2(2n^2+2n)+1\end{aligned}$$

なので，c^2は奇数となり，$a^2+b^2=c^2$ であることに矛盾する。よって，正の整数$a,\ b,\ c$について $a^2+b^2=c^2$ が成り立つとき $a,\ b,\ c$ のうち少なくとも 1 つは 2 の倍数である。

2-13 背理法を利用した証明・その２ Try Out

P.87

(1) $\sqrt{5}$ が有理数であると仮定すると，

$\sqrt{5}=\frac{n}{m}$ （ $\frac{n}{m}$ は既約分数）と表せる。

この式の両辺を 2 乗すると，

$5=\frac{n^2}{m^2} \qquad 5m^2=n^2$ ……①

m^2は整数であるから，n^2は 5 の倍数となるので，n は 5 の倍数である。ここで，整数 k を用いて，$n=5k$ とおき，①に代入すると，

$5m^2=(5k)^2 \quad m^2=5k^2$

k^2は整数であるから，m^2は 5 の倍数となるので，m は 5 の倍数である。したがって，$m,\ n$ はともに 5 の倍数となり，$\frac{n}{m}$ が既約分数であることに矛盾する。よって，$\sqrt{5}$ は無理数である。

第3章　2次関数

3-1　関数 $f(x)$ と変域 Try Out

P.91

(1) ① -3　② -6　③ -11

④ $-a^2+2-3$　⑤ $-a^2-2$

(2) 値域：$1<y\leqq 6$

最大値：6，最小値：なし

(3) $a=1,\ b=3$ または $a=-1,\ b=3$

3-2　2次関数 $y=a(x-p)^2+q$ のグラフ Try Out

P.93

(1) ① 頂点：$(0,\ 3)$，軸：$x=0$

② 頂点：$(2,\ 0)$，軸：$x=2$

③ 頂点：$(-3,\ -5)$，軸：$x=-3$

(2) ① 頂点：$(0,\ 0)$，軸：$x=0$，

グラフ：

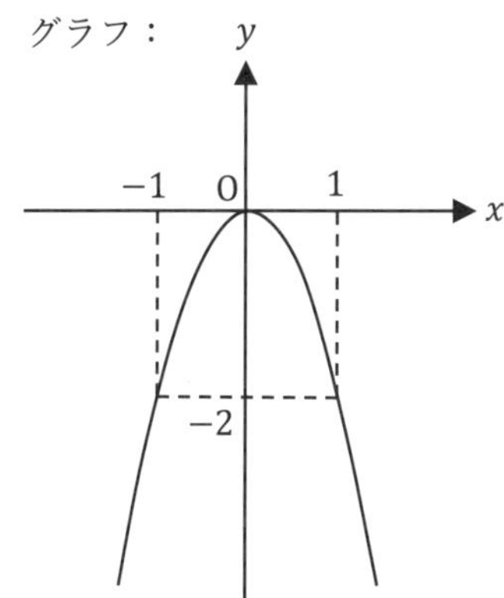

② 頂点：$(3,\ 2)$，軸：$x=3$，

グラフ：

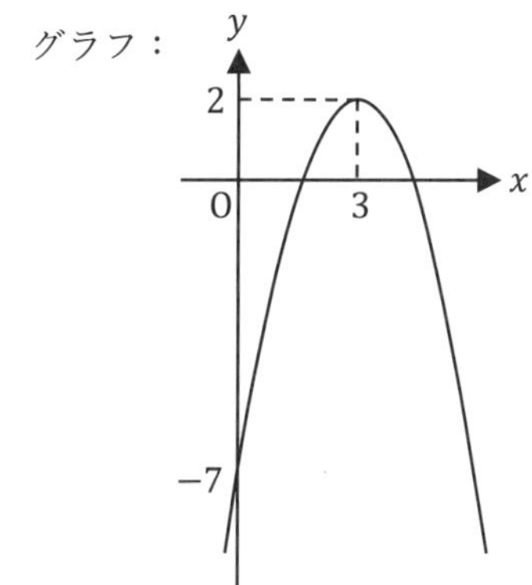

③ 頂点：$(-3,\ 0)$，軸：$x=-3$，

グラフ：

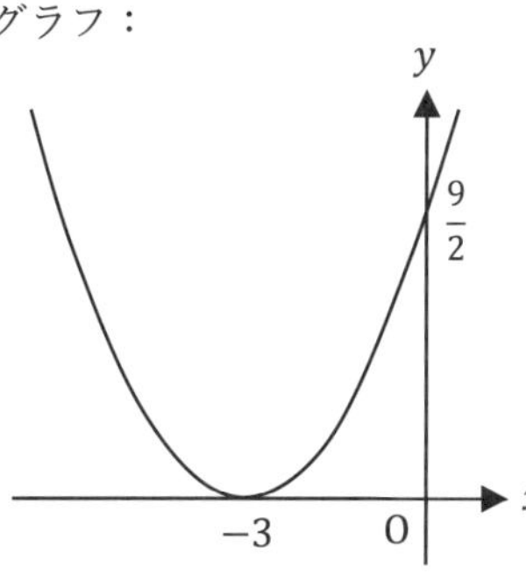

④ 頂点：$(0,\ 3)$，軸：$x=0$，

グラフ：

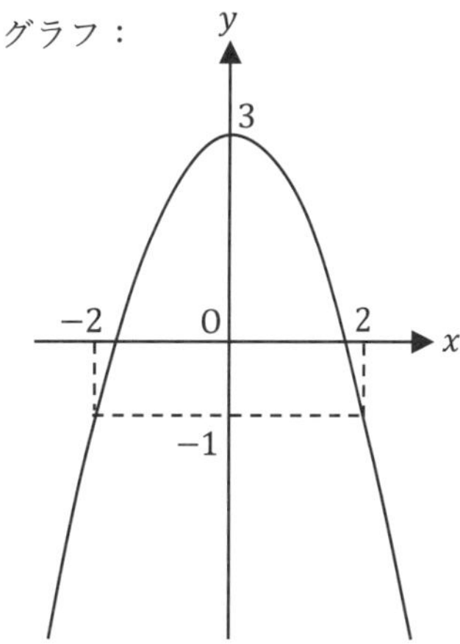

3-3　$y=ax^2+bx+c$ と平方完成 Try Out

P.95

(1) ① $(x+2)^2+3$　② $-2\left(x+\frac{1}{2}\right)^2-\frac{1}{2}$

③ $-\frac{1}{2}(x-4)^2+12$　④ $-2\left(x-\frac{5}{4}\right)^2+\frac{49}{8}$

(2) ① $y=-(x+1)^2+5$

頂点：$(-1,\ 5)$，軸：$x=-1$，

グラフ：

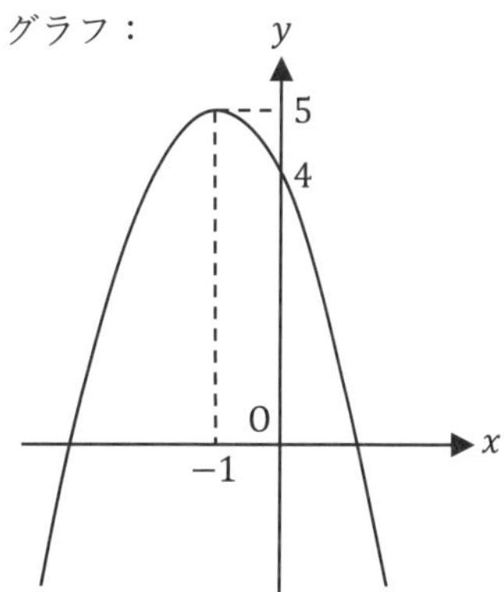

② $-2\left(x-\frac{3}{2}\right)^2+\frac{15}{2}$

頂点：$\left(\frac{3}{2},\ \frac{15}{2}\right)$，軸：$x=\frac{3}{2}$

グラフ：

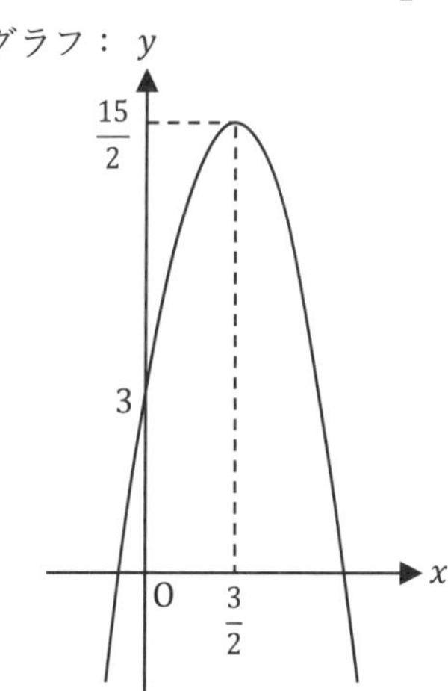

(3) ① $y=-2(x-1)^2-3$

② $y=-2(x+2)^2+4$

3-4　点とグラフの平行移動 Try Out

P.97

(1) ① $(2,\ 5)$　② $(3,\ 0)$　③ $(-6,\ 9)$

(2) $y=x^2+2x-2$

(3) x軸方向に 3，y軸方向に 4 平行移動させる。

(4) $y=x^2-2x$，$y=x^2+2x$

3-5　$f(x)$の平行移動と対称移動 Try Out

P.99

(1) $y=x^2-9x+14$

(2) ① x軸：$(6,\ -2)$　y軸：$(-6,\ 2)$

原点：$(-6,\ -2)$

② x軸：$(-5,\ 4)$　y軸：$(5,\ -4)$

原点：$(5,\ 4)$

(3) x軸：$y=x^2+x+5$

y軸：$y=-x^2+x-5$

原点：$y=x^2-x+5$

(4) $y=-x^2+6x-8$

3-6　関数の最大値・最小値 Try Out

P.101

(1) 値域：$y \leqq 6$

最大値：6，最小値：なし

(2) 値域：$y \leqq \frac{1}{2}$

最大値：$\frac{1}{2}$，最小値：なし

(3) 値域：$0 \leqq y \leqq 8$

最大値：8，最小値：0

(4) 値域：$-1 \leqq y \leqq 8$

最大値：8，最小値：-1

(5) 値域：$-1 \leqq y \leqq 8$

最大値：8，最小値：-1

(6) 値域：$-1 \leqq y \leqq 8$

最大値：8，最小値：-1

(7) 値域：$0 \leqq y \leqq 8$

最大値：8，最小値：0

(8) 値域：$-2 \leqq y \leqq \frac{5}{2}$

最大値：$\frac{5}{2}$，最小値：-2

3-7　最大値・最小値から係数を決定 Try Out

P.103

(1) $c=6$

(2) $c=-1$

(3) $a=2,\ b=3$

(4) ① $m=-k^2+k$　② $k=\frac{1}{2}$ のとき，最大値 $\frac{1}{4}$

3-8　係数に文字をふくむ関数の最小値または最大値 Try Out

P.105

(1) $a \leqq 0$ のとき，$x=0$ で最小値 2

$0<a<4$ のとき，$x=a$ で最小値 $-a^2+2$

$4 \leqq a$ のとき，$x=4$ で最小値 $-8a+18$

(2) $a<2$ のとき，$x=4$ で最大値 $-8a+18$

$a=2$ のとき，$x=0,\ 4$ で最大値 2

$2<a$ のとき，$x=0$ で最大値 2

(3) ① $a \leqq 0$ のとき，$x=0$ で最大値 a

$0<a<2$ のとき，$x=a$ で最大値 a^2+a

$2 \leqq a$ のとき，$x=2$ で最大値 $5a-4$

② $a<1$ のとき，$x=2$ で最小値 $5a-4$

$a=1$ のとき，$x=0,\ 2$ で最小値 1

$1<a$ のとき，$x=0$ で最小値 a

3-9　係数に文字をふくむ関数の最大値と最小値 Try Out

P.107

(1) ① $x=0$ で最大値 1

$x=a$ で最小値 $-a^2+1$

② $x=0$ で最大値 1

$x=2$ で最小値 $-4a+5$

(2) ① $a \leqq 0$ のとき，$M(a)=0$

$0<a<1$ のとき，$M(a)=a^2$

$1 \leqq a$ のとき，$M(a)=2a-1$

② グラフ

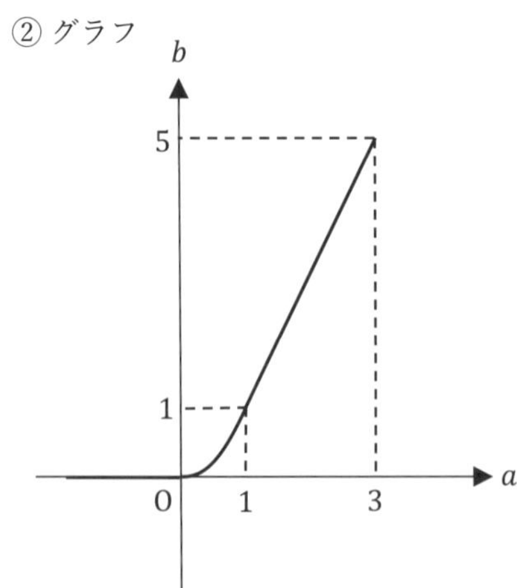

(3) $a=1$

3-10 定義域に文字をふくむ関数の最大値・最小値 Try Out

P.109

(1) $a \leqq 0$ のとき,

$x=a$ で最大値 a^2-4a+1

$x=a+2$ で最小値 a^2-3

$0<a<1$ のとき,

$x=a$ で最大値 a^2-4a+1

$x=2$ で最小値 -3

$a=1$ のとき,

$x=1,\ 3$ で最大値 -2

$x=2$ で最小値 -3

$1<a<2$ のとき,

$x=a+2$ で最大値 a^2-3

$x=2$ で最小値 -3

$2 \leqq a$ のとき,

$x=a+2$ で最大値 a^2-3

$x=a$ で最小値 a^2-4a+1

(2) ① $a \leqq -1$ のとき, $M(a)=-a^2-2a+3$

$-1<a<1$ のとき, $M(a)=4$

$1 \leqq a$ のとき, $M(a)=-a^2+2a+3$

グラフ

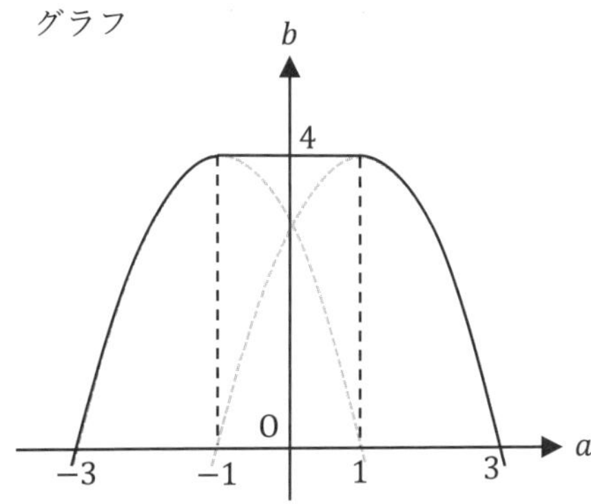

② $a<0$ のとき, $m(a)=-a^2+2a+3$

$a=0$ のとき, $m(a)=3$

$0<a$ のとき, $m(a)=-a^2-2a+3$

グラフ

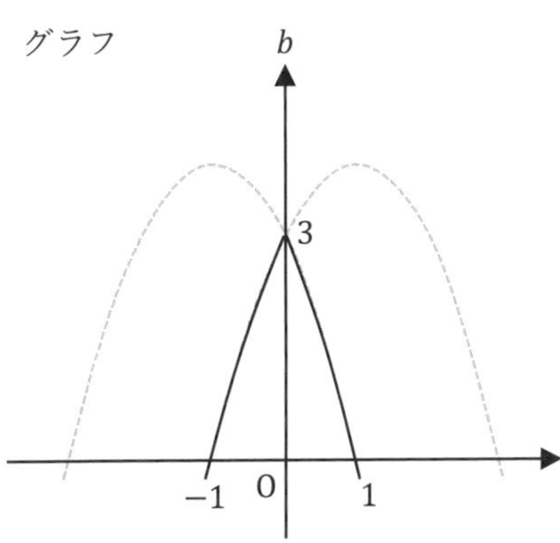

3-11 $y=a(x-p)^2+q$ を利用した2次関数の求め方 Try Out

P.111

(1) ① $y=(x-1)^2+3$

② $y=3(x-1)^2-2$

(2) $y=x^2-4x$

(3) $y=(x+1)^2-5$

3-12 $y=ax^2+bx+c$ を利用した2次関数の求め方 Try Out

P.113

(1) $y=3x^2-6x-2$

(2) $y=-x^2+3x+2$

(3) $y=-2x^2+4x-1$

(4) $y=-x^2+2x+3$

3-13 平行移動を利用した2次関数の求め方 Try Out

P.115

(1) $y=2x^2-11x+17$

(2) $y=-4x^2-18x-19$

(3) $y=-\frac{1}{2}(x-2)^2+2$

または $y=-\frac{1}{2}(x+4)^2+8$

(4) $y=-2(x-1)^2+3$

または $y=-2(x-3)^2+11$

3-14 2次方程式 Try Out

P.117

(1) ① $x=\pm 2\sqrt{2}$　② $x=-6,\ 2$

③ $x=0,\ 5$　④ $x=-6,\ 1$

⑤ $x=\frac{3}{4},\ 2$　⑥ $x=\frac{-3\pm\sqrt{7}}{2}$

⑦ $x=\frac{\sqrt{3}}{2},\ 3\sqrt{3}$　⑧ $x=-4,\ -1$

⑨ $x=\frac{5\pm\sqrt{7}}{3}$

(2) $a=0$のとき, $x=0$

$a\neq 0$のとき, $x=\frac{1}{a},\ -a$

3-15 2次方程式の実数解の個数 Try Out

P.119

(1) ① 0個　② 1個, $x=-1$

③ 2個, $x=\frac{5\pm\sqrt{5}}{4}$

(2) ① $m=2,\ 4$　② $m>-\frac{9}{8}$

③ $m>\frac{7}{15}$　④ $m \leqq 3$

(3) $m=-2,\ -1,\ 3$

3-16 解から方程式を求める Try Out

P.121

(1) $k=-2$，他の解は $x=\frac{1}{2}$

(2) $m=-1$ のとき，他の解は $x=3$

$m=\frac{1}{3}$ のとき，他の解は $x=\frac{1}{3}$

(3) $m=-3$　共通な解は $x=2$

(4) $k=-9$　共通な解は $x=-4$

3-17 2次関数のグラフと x 軸との位置関係 Try Out

P.123

(1) ① 共有点 2 個　(2，0)，

② 共有点 1 個　$\left(\frac{5}{2},\ 0\right)$

③ 共有点 0 個

④ 共有点 2 個　(−1，0)，(6，0)

(2) ① $m<\frac{25}{4}$

② $m \geqq -\frac{1}{16}$

(3) $m<2$ のとき，共有点 2 個

$m=2$ のとき，共有点 1 個

$m>2$ のとき，共有点 0 個

3-18 放物線と直線の共有点と x 軸の共有点の長さ Try Out

P.125

(1) (1，0)，(5，12)

(2) $\sqrt{17}$

(3) $a=1$ のとき (2，2)，$a=-3$ のとき (−2，10)

(4) $D=a^2+12>0$　線分の長さ：$\frac{\sqrt{a^2+12}}{3}$

3-19 放物線の係数の符号とグラフ Try Out

P.127

(1) ① 負　② 負　③ 正　④ 負　⑤ 正　⑥ 負

(2) ① a：負　b：正　c：負　b^2-4ac：正

$a+b+c$：正

② (b)

3-20 2次不等式（異なる2点で交わる）Try Out

P.129

(1) ① $-5<x<3$　② $x \leqq -1,\ 7 \leqq x$

③ $1 \leqq x \leqq 5$　④ $x<-3,\ \frac{1}{2}<x$

⑤ $x \leqq -5,\ 2 \leqq x$　⑥ $x<3-\sqrt{7},\ 3+\sqrt{7}<x$

⑦ $-3\sqrt{2}<x<\sqrt{2}$　⑧ $0 \leqq x \leqq 1$

(2) $-\frac{\sqrt{2}}{2}<x<\frac{\sqrt{2}}{2}$，$x<-\sqrt{5},\ \sqrt{5}<x$

3-21 2次不等式（接する・共有点をもたない）Try Out

P.131

③ $x=5$　④ すべての実数

⑤ ない　⑥ すべての実数

⑦ $\sqrt{2}$ 以外のすべての実数　⑧ ない

(2) $a<0$ のとき　$2a<x<-a$

$a=0$ のとき　ない

$a>0$ のとき　$-a<x<2a$

3-22 連立不等式 Try Out

P.133

(1) ① $-1 \leqq x<3$　② $-1<x \leqq 1$

③ $-\frac{9}{2} \leqq x<1-\sqrt{2}$　④ $2 \leqq x \leqq 4$

(2) $4 \leqq t<5$

3-23 2次関数と x 軸との共有点まとめ Try Out

P.135

(1) $k<-2\sqrt{3},\ 2\sqrt{3}<k$

(2) $k=1,\ 3$

(3) $k \leqq 5-2\sqrt{2},\ 5+2\sqrt{2} \leqq k$

(4) $-8<k<-2$

3-24 解から2次不等式を求める Try Out

P.136

(1) $a=-1,\ b=4$

3-25 絶対不等式 Try Out

P.137

(1) $-2<m<6$

(2) $m<-\frac{3}{2}$

3-26 放物線が x 軸の正と異なる2点で交わる条件 Try Out

P.139

(1) ① $-\frac{3}{2}<m<-1$　② $m>3$　③ $m<-\frac{3}{2}$

(2) $2<m<3$

(3) $0<a<4$

(4) $2-\sqrt{2}<a<1$

3-27 絶対値を含む関数 Try Out

P.141

(1) ①

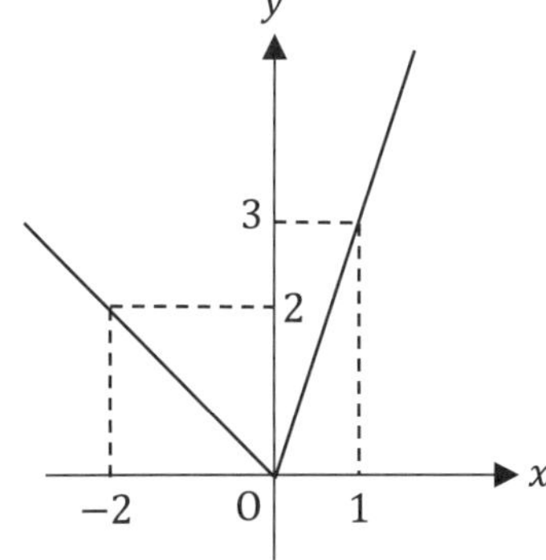

②

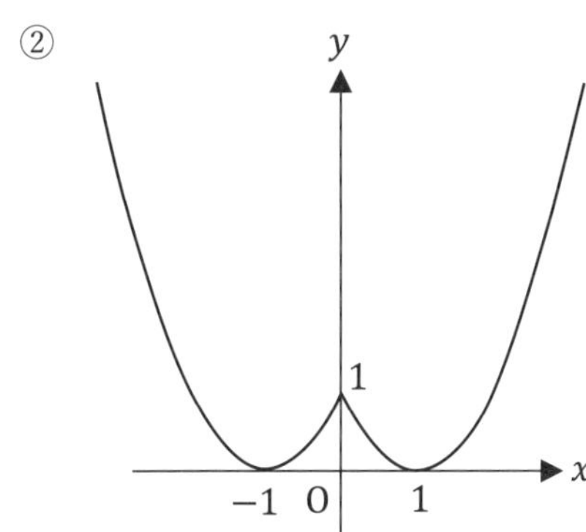

(2)

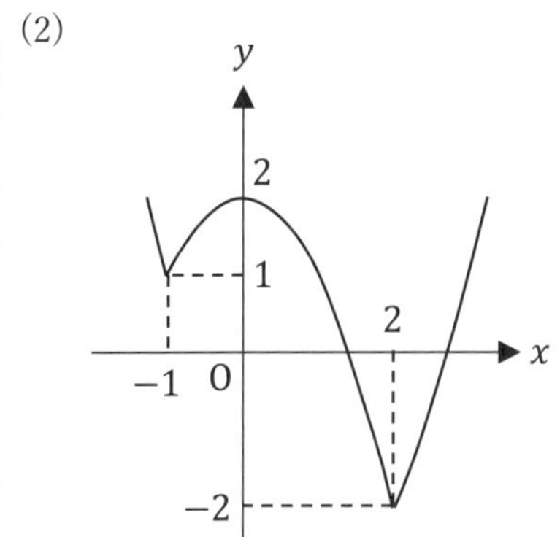

(3) ① $x>1$　② $x<-3,\ -1<x$

(4) $k<0$ のとき，0個　$k=0$ のとき，2個

$0<k<1$ のとき，4個　$k=1$ のとき，3個

$1<k$ のとき，2個

3-28 2次関数に関する応用問題 Try Out

P.143

(1) $1 \leqq x \leqq 2,\ 6 \leqq x \leqq 7$

(2) $x=\frac{1}{2},\ y=\pm\frac{\sqrt{6}}{4}$ で，最大値 $\frac{5}{2}$

$x=-1,\ y=0$ で，最小値 -2

(3) $-5 \leqq a < -4,\ 4 < a \leqq 5$

第４章　図形と計量

4-1 三角比 Try Out

P.147

(1) ① $\sin A=\frac{2}{3}$，$\cos A=\frac{\sqrt{5}}{3}$，$\tan A=\frac{2\sqrt{5}}{5}$

② $\sin A=\frac{3}{5}$，$\cos A=\frac{4}{5}$，$\tan A=\frac{3}{4}$

③ $\sin A=\frac{1}{\sqrt{2}}$，$\cos A=\frac{1}{\sqrt{2}}$，$\tan A=1$

④ $\sin A=\frac{5}{13}$，$\cos A=\frac{12}{13}$，$\tan A=\frac{5}{12}$

(2) ① $\frac{1}{\sqrt{2}}$　② $\sqrt{3}$　③ $\frac{\sqrt{3}}{2}$

④ 1　⑤ $\frac{1}{\sqrt{2}}$　⑥ $\frac{\sqrt{3}}{2}$

⑦ $\frac{1}{2}$　⑧ $\frac{1}{2}$　⑨ $\frac{1}{\sqrt{3}}$

4-2 三角比の表 Try Out

P.149

(1) ① 0.5299　② 0.7771　③ 0.6494

④ 0.6428　⑤ 0.8660　⑥ 0.7002

(2) ① $\theta \fallingdotseq 35°$　② $\theta \fallingdotseq 40°$　③ $\theta \fallingdotseq 37°$

(3) ① $\angle A \fallingdotseq 34°$　② $\angle A \fallingdotseq 35°$　③ $\angle A \fallingdotseq 31°$

4-3 三角比と辺の長さ Try Out

P.151

(1) ① $x=4,\ y=2$　② $x=\sqrt{2},\ y=2$

③ $x \fallingdotseq 4.8,\ y \fallingdotseq 7.6$

(2) ① $CD=\sqrt{2}$　② $AC=2\sqrt{2}$　③ $AB=\sqrt{6}+\sqrt{2}$

(3) $BC=\frac{5\sqrt{3}}{2}$

(4) ① $CD=\frac{3\sqrt{3}+3}{2}$　② $AC=\frac{3\sqrt{3}+9}{2}$

4-4 三角比と辺の長さの利用 Try Out

P.153

(1) 8.5m

(2) ① $AB=1+\sqrt{5}$　② $\sin 18°=\frac{\sqrt{5}-1}{4}$

(3) CD = 5m

4-5 90°−θの三角比 Try Out

P.154

(1) $\cos 41°$　(2) $\sin 27°$　(3) $\frac{1}{\tan 15°}$

(4) $\cos 37°$　(5) $\sin 1°$　(6) $\frac{1}{\tan 43°}$

4-6 三角比の相互関係 Try Out

P.156

(1) ① $\cos\theta = \frac{\sqrt{3}}{2}$，$\tan\theta = \frac{1}{\sqrt{3}}$

② $\sin\theta = \frac{2\sqrt{2}}{3}$，$\tan\theta = 2\sqrt{2}$

③ $\sin\theta = \frac{1}{\sqrt{2}}$，$\cos\theta = \frac{1}{\sqrt{2}}$

(2) ① 2　② 0

(3) $1 + \tan^2\frac{A}{2} = \frac{1}{\cos^2\frac{A}{2}}$ …①

$\sin^2\frac{B+C}{2} = \sin^2\frac{180° - A}{2}$

$= \sin^2\left(90° - \frac{A}{2}\right)$

$= \cos^2\frac{A}{2}$ …②

①，②より

左辺 $= \frac{1}{\cos^2\frac{A}{2}} \times \cos^2\frac{A}{2} = 1 =$ 右辺

4-7 鈍角の三角比 Try Out

P.158

(1) ① $(\sqrt{3},\ 1)$

$\sin30° = \frac{1}{2}$，$\cos30° = \frac{\sqrt{3}}{2}$，$\tan30° = \frac{1}{\sqrt{3}}$

② $(-1,\ 1)$

$\sin30° = \frac{1}{\sqrt{2}}$，$\cos30° = -\frac{1}{\sqrt{2}}$，$\tan30° = -1$

(2)

θ	0°	30°	45°	60°	90°	120°	135°	150°	180°
$\sin\theta$	0	$\frac{1}{2}$	$\frac{1}{\sqrt{2}}$	$\frac{\sqrt{3}}{2}$	1	$\frac{\sqrt{3}}{2}$	$\frac{1}{\sqrt{2}}$	$\frac{1}{2}$	0
$\cos\theta$	1	$\frac{\sqrt{3}}{2}$	$\frac{1}{\sqrt{2}}$	$\frac{1}{2}$	0	$-\frac{1}{2}$	$-\frac{1}{\sqrt{2}}$	$-\frac{\sqrt{3}}{2}$	-1
$\tan\theta$	0	$\frac{1}{\sqrt{3}}$	1	$\sqrt{3}$	-	$-\sqrt{3}$	-1	$-\frac{1}{\sqrt{3}}$	0

(3) ① 鈍角　② 鈍角　③ 鈍角

4-8 180°－θの三角比 Try Out

P.159

(1) ① $\sin45°$　② $-\cos55°$　③ $-\tan45°$

(2) ① $\cos38°$　② $-\sin33°$　⑥ $-\frac{1}{\tan25°}$

(3) $\sqrt{3}$

4-9 三角比をふくむ式から角を求める Try Out

P.160

(1) $\theta = 90°$　(2) $\theta = 180°$　(3) $\theta = 60°$

(4) $\theta = 45°,\ 135°$　(5) $\theta = 120°$　(6) $\theta = 150°$

4-10 直線のなす角 Try Out

P.161

(1) $m = -1$

(2) ① $\theta = 15°$　② $\theta = 60°$

4-11 三角比の相互関係(0°≦θ≦180°) Try Out

P.162

(1) $\sin\theta = \frac{\sqrt{5}}{5}$，$\cos\theta = -\frac{2\sqrt{5}}{5}$

(2) $\cos\theta = \frac{3}{5}$，$\tan\theta = \frac{4}{3}$ または

$\cos\theta = -\frac{3}{5}$，$\tan\theta = -\frac{4}{3}$

4-12 式の変形とその値 Try Out

P.163

(1) 0　(2) 0　(3) 1　(4) 0

4-13 三角比の対称式の値 Try Out

P.165

(1) ① $\frac{3}{8}$　② $\frac{11}{16}$

③ $\frac{\sqrt{7}}{2}$　④ $\frac{\sqrt{7}}{4}$

(2) $\tan\theta = \frac{4-\sqrt{7}}{3}$

4-14 三角比の不等式 Try Out

P.167

(1) ① $45° < \theta < 135°$　② $0° \leqq \theta \leqq 30°$

③ $0° \leqq \theta < 60°,\ 90° < \theta \leqq 180°$

④ $0° \leqq \theta < 90°,\ 120° \leqq \theta \leqq 180°$

(2) ① $\theta = 0°,\ 45°,\ 135°,\ 180°$

② $0° \leqq \theta \leqq 60°,\ 135° \leqq \theta \leqq 180°$

③ $\theta = 120°$

④ $0° \leqq \theta < 30°,\ 135° < \theta \leqq 180°$

4-15 正弦定理 Try Out

P.169

(1) $\mathrm{R} = 4$　(2) $\mathrm{R} = \sqrt{2}$　(3) $a = 3$

(4) $\mathrm{C} = 30°,\ 150°$　(5) ① $\mathrm{A} = 90°$

(6) $c = \sqrt{6},\ \mathrm{R} = \sqrt{3}$　(7) $c = 2\sqrt{2}$

4-16 余弦定理 Try Out

P.171

(1) ① $a = 2\sqrt{7}$　② $b = -4 + 2\sqrt{5}$

③ $\mathrm{C} = 60°$　④ $c = 2,\ 4$

(2) $\mathrm{AM} = \frac{\sqrt{79}}{2}$

4-17 三角形の解法 Try Out

P.173

(1) $\mathrm{A} = 75°,\ b = 2\sqrt{3} - 2,\ c = 3\sqrt{2} - \sqrt{6}$

(2) $\mathrm{A} = 30°,\ \mathrm{B} = 105°,\ c = 2$

(3) $\mathrm{A} = 15°,\ \mathrm{B} = 30°,\ \mathrm{C} = 135°$

(4) $a = 6,\ \mathrm{A} = 90°,\ \mathrm{B} = 60°$ または

$a = 3,\ \mathrm{A} = 30°,\ \mathrm{B} = 120°$

4-18 三角形の辺と角 Try Out

P.175

(1) ① 鈍角三角形　② 鋭角三角形

③ 直角三角形

(2) $2 < x < 4,\ \sqrt{34} < x < 8$

4-19 三角形の比例式 Try Out

P.176

(1) $B = 120°$

4-20 15°, 75°, 105°の三角比 Try Out

P.177

(1) $\sin 105° = \dfrac{\sqrt{6}+\sqrt{2}}{4}$, $\cos 105° = \dfrac{\sqrt{2}-\sqrt{6}}{4}$

4-21 等式と三角形の形状 Try Out

P.179

(1) ① 正弦定理より

$\dfrac{A}{\sin A} = 2R \quad \sin A = \dfrac{a}{2R} \quad \cdots$ i

$\dfrac{B}{\sin B} = 2R \quad \sin B = \dfrac{b}{2R} \quad \cdots$ ii

$\dfrac{C}{\sin A} = 2R \quad \sin C = \dfrac{c}{2R} \quad \cdots$ iii

i，ii を与式の左辺に代入

左辺 $= c\left(\dfrac{a}{2R}\right)^2 + c\left(\dfrac{b}{2R}\right)^2$

$= \dfrac{c(a^2+b^2)}{4R^2} \cdots$ iv

i，ii，iii を与式の右辺に代入

右辺 $= a\dfrac{a}{2R}\cdot\dfrac{c}{2R} + b\dfrac{b}{2R}\cdot\dfrac{c}{2R}$

$= \dfrac{c(a^2+b^2)}{4R^2} \cdots$ v

iv，v より左辺＝右辺

② 余弦定理より

$\cos C = \dfrac{a^2+b^2-c^2}{2ab} \quad \cdots$ i

$\cos B = \dfrac{c^2+a^2-b^2}{2ca} \quad \cdots$ ii

i，ii を与式の左辺に代入

左辺 $= \dfrac{ab(a^2+b^2-c^2)}{2ab} - \dfrac{ac(c^2+a^2-b^2)}{2ca}$

$= \dfrac{a^2+b^2-c^2-c^2-a^2+b^2}{2}$

$= \dfrac{2(b^2-c^2)}{2} = b^2 - c^2 =$ 右辺

(2) ① CA = CB の二等辺三角形

② 正三角形

4-22 三角形の面積 Try Out

P.181

(1) ① $\dfrac{5}{2}$　② $\dfrac{\sqrt{6}-\sqrt{2}}{2}$　③ $2\sqrt{14}$

(2) $b = 4\sqrt{3},\ c = 4\sqrt{7}$

4-23 三角形の面積と内角の二等分線 Try Out

P.183

(1) $AD = \dfrac{12\sqrt{3}}{7}$

(2) $AD = \dfrac{24}{7}$

(3) $AD = \dfrac{10}{3}$

4-24 四角形の面積と多角形の面積 Try Out

P.185

(1) $3\sqrt{2}$

(2) ① $AC = 7$　② $S = \dfrac{29\sqrt{3}}{4}$

(3) $S = 300$

(4) $S = 10\sqrt{2}$

4-25 円に内接する四角形の面積 Try Out

P.187

(1) ① $AC = \sqrt{5}$　② $AD = 1$

③ $S = \dfrac{7}{2}$

(2) ① $\cos A = \dfrac{7}{25}$　② $S = 36$

4-26 内接円の半径 Try Out

P.188

(1) $R = \dfrac{7\sqrt{3}}{3}$, $r = \dfrac{2\sqrt{3}}{3}$

4-27 測量 Try Out

P.190

(1) $CD = 25\sqrt{6}$ m

(2) $PC = 5\sqrt{3}$ m

(3) $PC = 100$ m

4-28 空間図形 Try Out

P.192

(1) $S = \dfrac{5\sqrt{3}}{4}$

(2) ① $S = \dfrac{7}{2}$　② $V = 1$

③ $h = \dfrac{6}{7}$

4-29 正四面体 Try Out

P.194

(1) $V = 18\sqrt{2}$

(2) $r = \dfrac{\sqrt{6}}{2}$

(3) $3\sqrt{7}$

第5章　データの分析

5-1　データの整理 Try Out

P.197

(1) ①

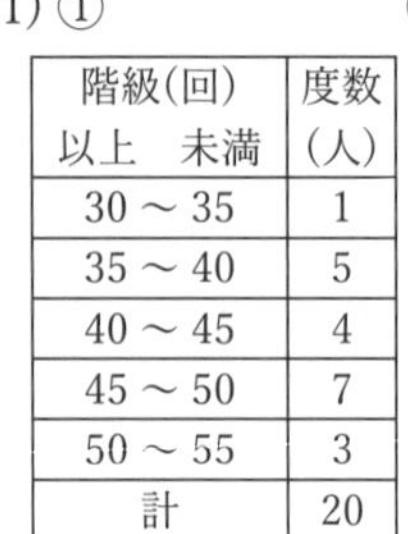

階級(回) 以上　未満	度数 (人)
30 ～ 35	1
35 ～ 40	5
40 ～ 45	4
45 ～ 50	7
50 ～ 55	3
計	20

②

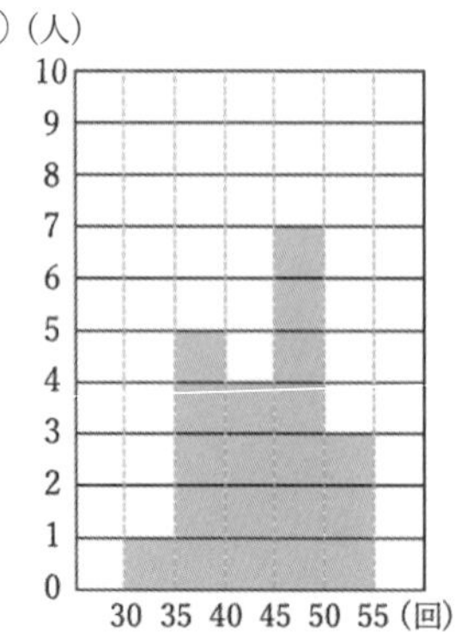

③ 42.5回

④ 0.35

(2) ①

階級(℃) 以上　未満	度数 (人)
20 ～ 22	2
22 ～ 24	5
24 ～ 26	9
26 ～ 28	7
28 ～ 30	4
30 ～ 32	3
計	30

② (日)

10
9
8
7
6
5
4
3
2
1
0
20 22 24 26 28 30 32 (℃)

③ 23℃　　④ 0.3

5-2　代表値 Try Out

P.199

(1) ① 2.5 点　　② 2 点　　③ 2 点

(2) ① 45 個　　② 49 個

③ 44 個以上 54 個未満

(3) ① 31 通り　② 200 円

5-3　四分位数 Try Out

P.201

(1) 数学：最小値 2 点　最大値 10 点

英語：最小値 2 点　最大値 9 点

(2) 数学：第 1 四分位数(Q_1) 4 点

第 2 四分位数(Q_2) 4.5 点

第 3 四分位数(Q_3) 6 点

英語：第 1 四分位数(Q_1) 3 点

第 2 四分位数(Q_2) 6 点

第 3 四分位数(Q_3) 7.5 点

(3) 数学：範囲 8 点　　英語：範囲 7 点

(4) 数学：四分位範囲 2 点　英語：四分位範囲 4.5 点

(5) 数学：四分位偏差 1 点　英語：四分位偏差 2.25 点

(6) 数学：外れ値 10 点　　英語：外れ値 なし

5-4　箱ひげ図 Try Out

P.203

(1) ① A の箱ひげ図

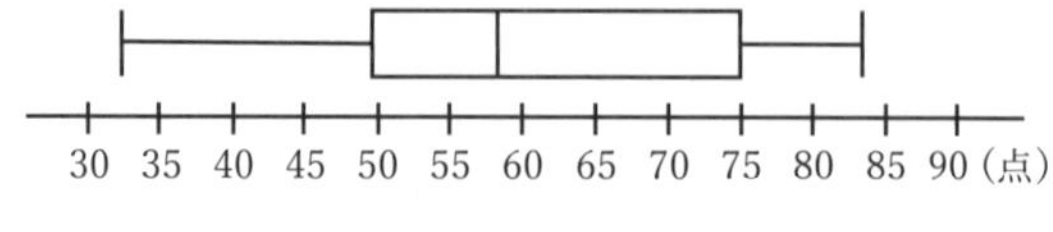

B の箱ひげ図

30 35 40 45 50 55 60 65 70 75 80 85 90 (点)

② A：四分位範囲 25.5 点　B：四分位範囲 25 点

③ A：四分位偏差 12.75 点　B：四分位範囲 12.5 点

④ A：外れ値 なし　B：外れ値 なし

(2) ① (ⅰ)　　② (ⅲ)　　③ (ⅱ)

5-5　箱ひげ図の読み取り Try Out

P.205

(1) ① C 店　　② A 店，B 店　③ 23 日

(2) ②，④

5-6　分散と標準偏差 Try Out

P.207

(1) ①

	x	$x-\overline{x}$	$(x-\overline{x})^2$
x_1	8	1	1
x_2	9	2	4
x_3	7	0	0
x_4	4	−3	9
x_5	7	0	0
合計	35		14
平均	7		2.8

A：分散 2.8　標準偏差 1.67 点

②

	x	$x-\overline{x}$	$(x-\overline{x})^2$
x_1	4	−1	1
x_2	2	−3	9
x_3	6	1	1
x_4	5	0	0
x_5	8	3	9
合計	25		20
平均	5		4

B：分散 4　標準偏差 2 点

③ B

(2) ① 13 点

② 修正前と比べて，平均値は変わらない。

修正前と比べて，分散は減少する。

③ 加える前と比べて，分散は減少する。

5-7 データの相関と散布図 Try Out

P.209

(1) ①

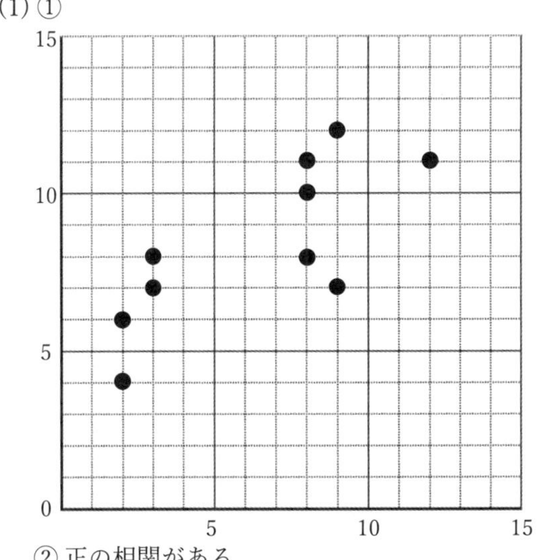

② 正の相関がある。

(2) ①, ②, ⑤

5-8 共分散と相関係数 Try Out

P.211

(1) ①

	x	y	$x-\overline{x}$	$(x-\overline{x})^2$	$y-\overline{y}$	$(y-\overline{y})^2$	$(x-\overline{x})(y-\overline{y})$
①	42	45	−4	16	1	1	−4
②	44	43	−2	4	−1	1	2
③	50	44	4	16	0	0	0
④	46	46	0	0	2	4	0
⑤	48	42	2	4	−2	4	−4
合計	230	220		40		10	−6
平均	46	44		8		2	−1.2

② $r=-0.3$

(2) ① 10 点　② 5.7　③ 2.85　④ 0.39

5-9 変量の変換 Try Out

P.213

(1) ① 6　② 13

(2) ① $\overline{u}=-8$ m, $\overline{x}=492$ m

② $s_x{}^2=144$, $s_x=12$ m

(3) $s_{zw}=1080$, $r=0.84$

5-10 仮説検定 Try Out

P.215

(1)

[1]　靴を右足から履く

と判断してよいかを考察するために次の仮定を立てる。

[2]　靴を右から履くと左から履く人は同程度にいる

コイン投げの実験結果を利用すると，表が 21 枚以上出る

場合の相対度数は,

$$\frac{4}{200}+\frac{1}{200}+\frac{1}{200}=\frac{6}{200}=0.03\ (3\%)$$

これは基準の確率 0.05 より小さい。

したがって，[2]の仮定が正しくなかったと考えられる。

よって[1]の主張は正しい。

つまり，靴を右足から履くと判断してよい。

(2)

[1]　1 の目が出にくい

と判断してよいかを考察するために次の仮定を立てる。

[2]　どの目も同程度に出る

サイコロ投げの実験結果を利用すると， 1 の目が 1 個以下

出る場合の相対度数は,

$$\frac{3}{500}+\frac{10}{500}=\frac{13}{500}=0.026$$

これは基準の確率 0.05 より小さい。

したがって，[2]の仮定が正しくなかったと考えられる。

よって[1]の主張は正しい。

つまり， 1 の目が出にくいと判断してよい。

高校数学Ⅰ
動画学習 YouBook

2023年3月21日　発行

著　者　溝　口　恭　司
発　行　個別指導ベアーズ
発　売　今井出版
印　刷　今井印刷株式会社